# Msalais
## Science and Technology

# 慕萨莱思
# 科学与技术

朱丽霞 著

中国轻工业出版社

## 图书在版编目（CIP）数据

慕萨莱思科学与技术 / 朱丽霞著. — 北京：中国
轻工业出版社，2024.11
ISBN 978-7-5184-4690-2

Ⅰ.①慕… Ⅱ.①朱… Ⅲ.①葡萄酒—酿造—研究
Ⅳ.① TS262.61

中国国家版本馆 CIP 数据核字（2024）第 059574 号

责任编辑：瀚　文　　责任终审：劳国强　　设计制作：锋尚设计
策划编辑：付　佳　　责任校对：晋　洁　　责任监印：张京华

出版发行：中国轻工业出版社（北京鲁谷东街5号，邮编：100040）

印　　刷：天津裕同印刷有限公司

经　　销：各地新华书店

版　　次：2024年11月第1版第1次印刷

开　　本：710×1000　1/16　印张：9

字　　数：180千字

书　　号：ISBN 978-7-5184-4690-2　定价：48.00元

邮购电话：010-85119873

发行电话：010-85119832　010-85119912

网　　址：http://www.chlip.com.cn

Email：club@chlip.com.cn

# 序言

尊敬的读者：

感谢您开启《慕萨莱思科学与技术》阅读之旅，请允许我赘述出版之初心，以期您能快速、更好地了解慕萨莱思。

慕萨莱思，是新疆南疆地区和田红葡萄用人工取汁、浓缩、自然发酵而形成的一种天然发酵产品，也是中国西域古老文明的饮品，又是中国葡萄酒的"活化石"，是刀郎文化的重要要素之一。葡萄汁浓缩后自然发酵的独特工艺及南疆特有的地域、气候等特征，使慕萨莱思的品质具有独特色泽与风味特征，完全不同于葡萄酒。古老慕萨莱思的浓缩葡萄汁无曲自能发酵，加之与丝绸之路文化高度融合，神秘而又深邃。随着我国经济稳步增长，旅游业大力发展，传统慕萨莱思发展需要守正创新，需要对传统慕萨莱思优质性的继承发扬，在此基础上实现适合现有工业化生产、商业化运作等新型生产模式。但这些需要形成对慕萨莱思色、香、味、体（风格）基本科学理论的认知。本书旨在探索慕萨莱思酿制及其独特品质特征形成的基本科学原理与相关技术，为读者揭开慕萨莱思科学之谜，为慕萨莱思广大从业者提供科学参考。

在本书中，我们概述了慕萨莱思可能的历史起源及资源禀赋，继而深入探讨其传统与现代工艺、品质特征、酿制过程中理化变化、微生物群结构、特征香气形成机制、褐变规律等。通过对慕萨莱思历史、工艺、品质的科学原理与技术的介绍，揭示古老慕萨莱思的本质，展现其魅力。

在本书近 20 年的科学素材积累中，我们得到了中国农业大学段长青教授、中科院微生物所真菌重点实验室白逢彦研究员及其团队、阿瓦提科学技术协会原主席燕金诚，慕萨莱思传承人及慕萨莱思协会原会长阿不都热西提·尕依提等许多专家和业内人士的指导与帮助；刀郎慕萨莱思有限公司、红宝石穆塞勒斯厂、西域慕萨莱思有限公司、龟兹慕萨莱思有限公司、阿不都热西提·尕依提古作坊、醉香妃慕萨莱思有限公司等诸多企业的长期支持；塔里木大学、阿瓦提县政府等单位的大力支持；课题组杨秋红、王辉、冯姝、薛菊兰、王冠群、张志杨、张蒙蒙、刘真、乔通通等研究生与青年教师的知识与青春的贡献。在此，向他们表示衷心的感谢。在本书的撰写过程中，得到了南京农业大学张秋瑾副教授的文字整理帮助。本书撰写的科研素材，离不开科研项目的支持，主要来自国家自然科学基金委员会"慕萨莱思酿制过程中酵母菌转化 MRP 生成 HDMF 的分子机制研究（32272457）""慕萨莱思酿造过程中焦糖香气关键化合物变化规律研究（31660460）""新疆慕萨莱思 Saccharomyces cerevisiae 发酵特性研究（31060223）""古丝绸之路（中国境内）传统发酵食品酿酒酵母种群演化研究（31871777）""新疆葡萄酒酿酒酵母遗传多样性及其发酵特性高通量分析（31260393）"的项目支持，在此一并感谢！

希望本书能够为您开启了解慕萨莱思的科学大门。愿您在品味慕萨莱思的同时，也能感受到其背后的自然科学、深厚文化与历史。若您能从中受益，是我们的莫大荣幸。鉴于慕萨莱思科学技术的复杂性，作者因才疏学浅，撰写中难免出现纰漏与错误，恳请各位的批评指正。尽管对慕萨莱思坚持探索，但仍难以穷尽其科学奥秘，斗胆不才，以《慕萨莱思科学与技术》抛砖引玉，期望同人群策群力，共同助力中国葡萄酒"活化石"——传统慕萨莱思守正创新，产业健康、持续发展。

# 目录

第一章

慕萨莱思历史与概况

# 一、慕萨莱思的历史概述

## （一）慕萨莱思是刀郎文化的重要组成部分

"刀郎劲歌舞，情醉阿瓦提"，是对阿瓦提刀郎文化的生动描述，慕萨莱思是刀郎文化——乐舞与美酒达到极致的一种狂欢文化的重要组成部分。

在漫长的岁月中，刀郎人在远离人世的荒漠旷野、原始胡杨林中狩猎游牧，或从事农耕，与大自然做着不息的抗争，过着艰苦的生活。在闭塞的环境里，刀郎人形成了独特的生活习俗、语言、文化、艺术和心理特征。直至清朝初年，已与其他维吾尔人迥然有别。早在 15 世纪末，刀郎人便开始在今天的阿瓦提县乌鲁却勒镇等地以及叶尔羌河畔生活，后来随人口的增加，逐渐向北扩散，并开始从事农耕生产。慕萨莱思可能是基于葡萄种植的农耕文明和基于放牧为主（将葡萄汁加热浓缩便于携带）的草原文明的完美结合后的一种天然发酵产品，并融入地方民间文化生活，从此生生不息，传演至今。

## （二）慕萨莱思的起源传说

关于慕萨莱思的起源目前并无翔实的考证。在民间，慕萨莱思被称为西域葡萄酒或中国葡萄酒的"活化石"。由此，慕萨莱思的历史可追溯我国葡萄酒历史。

西方关于葡萄酒的历史与考古记载众多，多数历史学家均认为波斯可能是世界上最早酿造葡萄酒的国家，经历了古代战争和商业活动，其酿造方法传遍以色列、叙利亚、土耳其等国家。而后酿造葡萄酒的方法从波斯、埃及传到希腊、罗马、高卢（即法国），随后由意大利和法国传到欧洲各国。

近年来，越来越多的研究表明葡萄酒起源于中国中原地区。9000 年前，中国河南贾湖遗址中的谷物（中国大米和伊朗大麦）、水果（山楂和葡萄）及蜂蜜混合发酵酒出现。4000 年前，山东龙山两城镇遗址出现类似的混合酿酒技术，水果为中国山葡萄或毛葡萄的可能性更大（两种葡萄糖度可高达 19%）。这些证据证明中国以前具有复杂且精湛的酿酒技术。葡萄酒及其类似水果的自然发酵程序比谷物的发酵程序简单，我们不能排除能酿造复杂谷物酒的中国人也会酿制葡萄酒的可能，因此不能排除中国是葡萄酒酿造发源地的可能性。

通过我国已有历史形成的主流共识，我国葡萄酒是经丝绸之路流传，经过历史变迁，主要酿造于西域。

《史记·大宛列传》中记载：西汉建元三年（公元前 138 年）张骞奉汉武帝之命，出使西域，看到"宛左右以蒲陶（葡萄）为酒，富人藏酒至万馀石，久者数十岁不败"。随后，"汉使取其实来，于是天子始种苜蓿、蒲陶肥浇地……"可知西汉中期，中原地区的农民已得知葡萄可以酿酒，并将欧亚种葡萄引入中原，在引进葡萄的同时，还招来了酿酒艺人。自西汉始，中国便有了西方制法的葡萄酒酿造人。

唐朝贞观十四年（公元640年），唐太宗命交河道行军大总管侯君集率兵平定高昌。高昌历来盛产葡萄，在南北朝时，就向梁朝进贡葡萄。《册府元龟》记载："及破高昌收马乳蒲桃于苑中种之，并得其酒法，帝自损益，造酒成凡有八色，芳辛酷烈，味兼缇盎。既颁赐群臣，京师始识其味。"即唐朝破了高昌国后，收集马乳葡萄放到院中，并且得到了酿酒的技术，唐太宗把技术资料做了修改后，酿出了芳香的葡萄酒，和大臣们共同品尝，这是史书第一次明确记载中原地区用西域传来的方法酿造葡萄酒。

诗人王心鉴在其《品葡萄酒》一诗中这样写道："玄圃撷琅玕，醒来丹霞染。轻拈夜光杯，芳溢水晶盏。豪饮滋佳兴，微醺娱欢婉。与君浣惆怅，莫道相识晚。"当时长安城东至曲江一带，俱有胡姬侍酒之肆，出售西域特产葡萄酒。

晋唐时期吐鲁番出土文书中记载，吐鲁番地区流行的葡萄加工产品有"乾葡萄"（葡萄干）、"煎"（葡萄蜜钱）、"甜浆"（鲜榨葡萄汁需要长距离运输而进行煮沸杀菌，与今天的慕萨莱思极其相近）、"苦酒"（带皮发酵的葡萄酒）、"醒酒"（可能是不带皮发酵的葡萄酒）。如今的慕萨莱思可能是东晋时期高昌故城的"甜浆"自然发酵产品。据《阿克苏市志》记载：清光绪年间民间便有一种低醇度的葡萄酒，名为"木塞勒斯"，其酿造工艺可追溯到大约盛唐时期的龟兹古国，经丝绸之路商贾的物质文化交流而广泛传播。其制作方法是将成熟葡萄洗净榨出之后滤净，加水放锅里用急火烧开（水与葡萄的比例是1∶2），改用小火熬。加洗刮干净的鸽子一两只，玉米棒几根一起熬。到葡萄汁剩三分之二时加同比例的水继续熬，直到汁浓（聚而不散）后舀起滤净入坛。热时入坛3天后发酵，几天后澄清即可；出锅放凉后入坛，15天左右可酿成。葡萄汁入坛后用碗盖紧坛口，再用泥封住，放在太阳下晒，即可发酵。

关于慕萨莱思的传说众多，有楼兰爱情故事之传说，有历史之猜测，刀郎雪书之佐证。其中之一则是相传在阿瓦提县，有一个刀郎子民常邀远方的朋友来品尝自己种植的葡萄，但有一次朋友没能及时赶到，这个刀郎人将葡萄摘下后压榨成汁，再经熬煮盛入坛中，以期朋友来时虽吃不到葡萄但能够喝到葡萄汁。大概一个月后朋友来了，刀郎人取葡萄汁时发现已不是最初盛入坛中的汁液，不仅气味浓香、口感留香，饮后还心情欢畅，和乐而高歌，身体晃动，话语高亢，刀郎人及其家人朋友一起跳了起来，显得是那么刚劲、热情与奔放。这也是为何提到慕萨莱思便联系到刀郎文化的原因。可能刀郎人不善于用文字记录历史，而以口述传播祖辈事迹。如果传说缘于这种口述，则从传说中或许可以得到慕萨莱思的起源及缘由。

依据历史考证，《博物志》中有"西域有葡萄酒，积年不败"的记载，并有"葡萄酒熟红珠滴"的赞美诗句。当时大多数人家都会酿酒，且为自酿自饮，不交赋税。部分资料显示这些记载中的葡萄美酒指的就是慕萨莱思。《阿克苏市志》中也记载了清朝乾隆兴屯政，到光绪百余年间，多次从阿克苏、温宿、乌什等地移民到阿瓦提县垦荒，带来了各地的酿造方法，逐步形成了慕萨莱思优异独特的工艺。

慕萨莱思寓意为"三分之一"，即将烧开的葡萄汁去二留一，将精华制成琼浆，是西域最古老的葡萄酒，如今其酿造工艺主要集中于新疆阿瓦提县。通过慕萨莱思独特的浓缩工艺大致可推断其起源，具体起源点与时间流程因缺少资料无从考察，但比较明显的是，古丝绸之路是其重要传播途径。古罗马人将新鲜葡萄汁进行不同程度浓缩，浓缩葡萄汁能自发转化或由自发选择的菌群转化产生不同状态的产品，例如现今仍然存在的意大利香醋（Balsamic Vinegar），土耳其传统糖浆（Pekmez）和中国新疆慕萨莱思及河北清徐的炼白。慕萨莱思很有可能是为了适应农牧民的携带方便而将葡萄汁进行浓缩，在储藏过程自然发酵形成适应当地居民饮酒需求而保留下来的一类发酵酒类产品。

## 二、慕萨莱思的独特性　

慕萨莱思具有得天独厚的生产原料、独一无二的民族文化背景，营养丰富，具有医疗功效、发展前景良好等优势，蕴含中外葡萄酒没有的文化与资源。此外，慕萨莱思特有的品质与南疆地理、气候、水、人文等方面有着直接关系，促使其典型风格的形成。

### （一）地域特性典型而独特

塔里木盆地的地区如和田、喀什、阿克苏等自古以来就是种植葡萄十分理想的地域。新疆南疆地区属温带大陆性气候，干旱少雨，蒸发量大，昼夜温差大，夏季炎热，冬季寒冷，春秋升温和降温迅速，日照时间长，热量充足，全年无霜期长，年平均降水量低；属于砂质壤土类型，略偏碱性，土壤有机质含量低，排灌条件良好，地势平坦，是酿酒葡萄种植与栽培的理想条件。和田红葡萄是经过历史实践自然筛选出的酿制慕萨莱思的优质原料，和田红葡萄也是在中国保留的最为古老的欧亚品种之一，成为新疆地方特产葡萄之一，药食兼用。当地维吾尔人将食用和田红葡萄及其酿制产品——慕萨莱思视为长寿的秘诀。

### （二）刀郎文化组成要素之一

葡萄酒与葡萄酒文化自古至今就不曾分开过。葡萄酒的品质似乎也与其文化底蕴有着千丝万缕的联系。世界公认红葡萄酒为浪漫与高雅的象征，这源于法国、意大利等国浓郁而悠久的葡萄酒文化。慕萨莱思寄托的刀郎文化却是与红葡萄酒文化格调完全不同的一种。刀郎文化是乐舞与美酒达到极致的一种狂欢文化，曲调朴实浑厚、舞步刚劲豪放，这一艺术源于质朴、醇厚与刚劲的慕萨莱思。同质的乐舞与美酒，形成慕萨莱思独一无二的文化背景——刀郎文化。

## （三）加入动植物滋补材料的慕萨莱思

慕萨莱思酿造原料为和田红葡萄，其功能成分不仅含有其他葡萄品种含有的矢车菊素（Cyanidin）、芍药素（Peonidin）、飞燕草素（Delphinidin）、矮牵牛素（Petunidin）、锦葵花素（Malvidin）和锦葵花素 -3- 葡萄糖苷（Malvacillain-3-glucoside）、白藜芦醇（Resveratrol）等，还被测出三萜成分——齐墩果酸，含量高达1%。齐墩果酸具有防止肝硬化、降血脂、抗变态反应等作用。

酿制传统慕萨莱思，当地人喜欢加入维吾尔族药材（如当地产的大芸、白杏、桑葚、红花、枸杞子等）及滋补性的食材（如鸽子、雪鸡、鹿血甚至是新疆的烤全羊），其营养丰富。在长期饮用过程中，当地群众发现慕萨莱思对某些疾病有辅助治疗作用，因此称它为"多拉"（维吾尔语音译，汉语意为"治病的药"）。后经新疆医科大学检测，慕萨莱思含芦丁、槲皮素、儿茶素等成分，含有人体所需的氨基酸、维生素、葡萄糖、铁、硒等多种营养成分，能增强人体免疫功能，具有活血化瘀、降血脂、开胃、补肾强身、保肝护肝及抗衰老等保健作用。

## （四）独特酿造工艺奠定了独特品质特征

慕萨莱思以优质葡萄为原料，经过人工取汁、浓缩、自然发酵。

传统慕萨莱思的基本酿造过程是：采摘当地生产的新鲜和田红葡萄，仔细挑拣，确保无一颗腐烂的葡萄；将其清洗干净，装入清洁的布袋内，绑紧袋口，穿上裹着塑料袋的新胶鞋或者光着脚踩踏，将葡萄汁过滤出来；把过滤出的葡萄渣倒进锅里，加约 2/3 比例的水，用小火烧煮，直到水蒸发到滤线位置；这时将其倒进绸布口袋过滤，再把过滤出来的汁液同原葡萄汁倒在一起重新用小火烧煮，待汁液表面出现一层白色杂质泡沫，用裹着滤布的勺将其舀掉；在过一会儿会泛起一层黑色泡沫，这是葡萄本身的沫子，不用动它，3 小时后停火；在锅里冷却 1 天后，将其倒进坛子里，加盖密封，放在向阳的地方使其发酵。通过阿瓦提县特殊的干燥、高温气候和利用自然环境中的微生物群系进行发酵，大概 40 天后，慕萨莱思就酿成了。

虽然传统慕萨莱思工艺简单明了，但同一个村庄里的百户人家，也不会酿出雷同的慕萨莱思，这与慕萨莱思原料及其微气候条件、微环境和微生物群系是分不开的。

　　慕萨莱思酿造工艺优势之一是利用熬煮来杀死杂菌，不像红葡萄酒酿制过程中利用二氧化硫来控制杂菌，制作慕萨莱思期间不添加任何添加剂，是纯正的绿色饮品；优势之二是酿制工序全部手工完成，完整保持了慕萨莱思的原生态性；优势之三是利用室外日高温与夜低温、丰富的微生态环境及微生物群系等进行自然发酵，最终决定了慕萨莱思独特的品质及丰富的多样性。

## 三、慕萨莱思产业发展历程

　　20世纪50年代，在南疆各地区还存在民间作坊或家庭制作，尤其在阿瓦提县。阿瓦提县广大农村以慕萨莱思为唯一的酒饮料。每年的9～11月，阿瓦提县就形成了"村村舍舍煮酒忙，香气氤氲漫农家"的景象。人们在逢年过节、举办喜事、庄稼丰收时，都欢聚一堂，唱起刀郎木卡姆，跳起麦西来甫舞蹈，喝着慕萨莱思，尽情分享喜悦的心情。此传统至今依旧为阿瓦提人的优良传统，为阿瓦提县一大景观。

　　随着我国市场经济迅速增长，传统慕萨莱思步入现代化生产阶段。截至目前，已有7家慕萨莱思现代化企业，在阿瓦提县委、县政府的指导下，慕萨莱思从民间作坊、自产自销式逐步走向以企业生产销售为主，产量规模也由20世纪90年代的百吨提高到现在的2000t以上，产品远销北京、上海、广州等城市。慕萨莱思的产量、质量随着市场的需求均得到不断提高，各生产加工企业注册了各自的商标，对产品进行了包装，加之县委、县政府的力促、媒体的宣传，使慕萨莱思走向更广阔的未来。

　　此外，慕萨莱思在科学研究方面也取得了较大进步：主要包括自然发酵中酵母菌群落结构、遗传多样性、发酵特性、优质菌种筛选、纯种发酵工艺等澄清工艺、香气及天然活性成分等检测。通过科研投入以保护并传承慕萨莱思文化与产业，维护生产企业的利益。

# 第二章

# 慕萨莱思工艺与设备

# 一、概述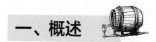

　　慕萨莱思为中国葡萄酒的"活化石"，葡萄汁的浓缩杀菌、提香、提色及无曲的自然发酵，充分体现了慕萨莱思的独特之处。在历史发展的演变中，传统慕萨莱思工艺在适应环境、生产需求下不断革新，这也是慕萨莱思能够传承至今的重要原因。梳理慕萨莱思的工艺与设备，探索其优劣势，对比传统果酒（含葡萄酒），提炼慕萨莱思独特之处，为传统慕萨莱思继承与发扬提供科学依据。

# 二、传统慕萨莱思酿制工艺与设备

　　传统的慕萨莱思酿造缺少标准化规范，每个人的酿制手艺不尽相同，酿制品几乎"一缸一个味"，但都沿袭了葡萄汁浓缩去水后无曲自然发酵的制作工艺。

## （一）传统慕萨莱思酿制工艺基本流程

　　传统的慕萨莱思以新疆和田红葡萄等本土品种为主要原料，采用人工取汁，葡萄皮渣用小火熬煮后过滤取汁，与葡萄原汁混合再熬煮，自然冷却后自然发酵酿制而成（图 2-1）。

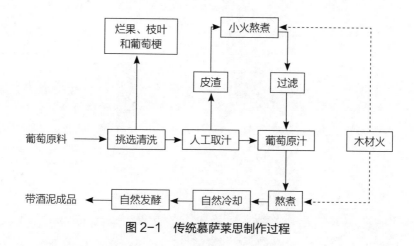

图 2-1　传统慕萨莱思制作过程

## （二）传统慕萨莱思酿制工艺要点和设备

### 1. 原料筛选

　　葡萄果实质量、体积、糖酸比以及酚类物质含量均影响葡萄酒质量。慕萨莱思酿造师一般选择当地适宜酿酒及鲜食的和田红葡萄，酿造出来的酒果香清新、酒香饱满、色泽透亮，品质佳；偶尔有采用克瑞森、木纳格、本土绿葡萄，品质不及和田红葡萄。和田红葡萄是新疆和田地区主栽品种，具有个儿大、肉软、营养丰富、颗粒均匀、品质风味佳的特点（图 2-2）。和田红葡萄一般 9 月下旬开始成熟，适宜酿造慕萨莱思的葡萄一般于 10~11 月采收。但随着气候变暖，温度升高，采收期有提前趋势。和田红葡萄采摘期的糖度要求在 23° Bx 以上，可溶性固形物为 19~20° Bx，酿酒出汁率 85.2%，单品种酿造酒度 11.5%~12%vol，残糖 5g/L，总酸 6~7g/L，出汁率高，呈香丰富。

### 2. 人工取汁

选取无腐败、破损的果实，经清洗后取汁。传统工艺将葡萄置于木栅上，人工踩踏出汁或装入布袋挤压出汁或直接挤压出汁（图 2-3）。量多取汁最好在木条板上，装入麻袋或布袋，人工踩压，量少时可用手捏挤。用木盆为盛器收集汁液，不与金属接触，能尽可能保留葡萄原有风味。这种方法汁液获取充分，但效率低，1t 的葡萄取汁，如果人工踩踏，需 12 小时。葡萄原汁静置沉淀，待皮渣水熬后再用。

### 3. 小火熬煮

熬煮为慕萨莱思酿制的关键工序，也是慕萨莱思独特工序，体现了慕萨莱思的真正由来。"慕萨莱思"是维吾尔语"三"的意思，指三斤葡萄出一斤酒。将和田红葡萄挤出的汁置于土灶上的铁锅中，用小火熬煮去除 2/3，留下 1/3。

图 2-2 慕萨莱思酿制常用原料：和田红葡萄

图 2-3 慕萨莱思酿制传统工艺：
脚踩葡萄取汁

图 2-4　慕萨莱思酿制传统工艺：熬煮浓缩（左图为皮渣浸提，右图为皮渣
汁与葡萄原汁混合浓缩）

熬煮工序如下：皮渣中加 1/3 水，用煤火或木材火大火煮开，然后用小火慢慢熬煮。有些作坊进行改进，将皮渣装入布袋浸入水中进行慢熬（图 2-4）。熬煮时间 2h、6h、12h 及大于 15h 不等，熬煮好的皮渣水色泽鲜亮、褐红，为慕萨莱思主要呈色成分。过滤后的皮渣水再与葡萄原汁以 1:3 的比例混合入大口锅，继续用大火熬煮开，再用小火慢慢熬煮（图 2-4）。上等慕萨莱思熬煮时间在 15h 以上，在熬煮过程中不断用纱布笊篱（给笊篱裹上过滤布）将浮沫滤去。用筷子或长条树枝蘸一滴熬煮液，滴在指甲上，来回晃动都不会掉下，甚至能倒挂，有韧性、有黏度，则判断为熬煮结束。熄火，静置，自然冷却约 24h。

从原料挑拣、取汁、熬煮浓缩，形成原始发酵液需 4～5 天。当地有经验的酿酒师在熬煮过程中为提高慕萨莱思风味或功能作用，会加入红枣屑、杏、桑葚、枸杞子、红花、锁阳、鹿茸、肉苁蓉等作为辅料，但多为秘方，这为慕萨莱思的神秘性增添一份朦胧色彩。

慕萨莱思熬煮工序使之与葡萄酒酿制及其品质有着根本的不同。在熬煮工序中，不仅形成慕萨莱思特有的色泽，完全氧化、高温酶解、美拉德反应等还赋予慕萨莱思独特、丰富而悠长的焦香味，而葡萄的苦涩味大幅度削弱，甚至消失。

### 4. 自然发酵

熬煮后的浓缩汁放凉后，灌入预先准备好的瓷坛，封口，进行发酵。瓷坛需在夏季伏天进行清洗干净后曝晒，然后用布进行封口，放置通风处，待秋季制作慕萨莱思时使用。

新疆当地 9～11 月的温度变化由平均 28℃逐渐降至 15℃左右，非常适宜酵母菌的生长与发酵。在 9 月下旬发酵的慕萨莱思，瓷坛用塑料袋或塑料布封口，2d 后即可进入旺盛期，室内发酵表层品温可高达 37℃，泡沫很厚（图 2-5），20d 左右完成发酵；室外发酵，瓷坛用红布封口，放置太阳底下，有良好的通风，品温略高于自然温度，在 32℃左右，泡沫薄（图 2-6），15d 即可完成发酵。进入 10 月，自然温度

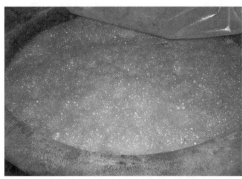

图2-5　慕萨莱思酿制传统工艺：室内发酵

图2-6　慕萨莱思酿制传统工艺：室外发酵

降至20~25℃，瓷坛用塑料布封口，放置阴凉干燥处，室内发酵，在第4天进入旺盛期，品温在25~28℃，随自然温度降低而降低，直至与自然温度一致；室外发酵，白天自然温度可升至25~28℃，但是由于夜间温度低，光照时间短，发酵液品温略低于自然温度，在20℃左右。10月酿制，需发酵45d左右。进入11月，自然温度在10~15℃，均需在室内发酵，必要时起火炉进行升温发酵，时间长。所有传统酿制的慕萨莱思均为自然发酵，且发酵完成后不用倒灌、澄清，可直接饮用（图2-7）。新鲜而带有气感的慕萨莱思是当地人的最爱。但传统慕萨莱思品质不稳定，自然温度上升后，会进行二次发酵。

　　发酵赋予慕萨莱思浓厚酵香。由于独特工艺与地域环境孕育的酿酒酵母有不同的代谢特性，使得慕萨莱思醇具有别样的香味：带有突出的焦糖香味，果香浓郁。除了多达22种酵母菌参与发酵，细菌的参与也不可或缺。丰富多样的微生物群落，加之特殊的地理环境，使得慕萨莱思品质丰富多样，这也是当地家家酿制慕萨莱思，但无一品味相同的主要原因。

图 2-7　自然发酵的慕萨莱思成品

### （三）传统慕萨莱思工艺缺陷

慕萨莱思工艺集传统性和多样性为一体。这主要体现在以熬煮及自然发酵等基本工序不变的情况下，工序细节多变的家庭作坊式的生产：①传统酿酒工艺主要受长辈经验所影响，生产工艺水平的落后使各作坊生产的产品种类多样，成品品质不一。②家庭手工作坊对产品和文化的宣传力度不够，主要卖给作坊附近的消费者，得不到更多人的认可。③生产力度不高，无法满足市场对产品的需求，没有行业检测标准，无法确保产品的质量稳定等问题。传统工艺虽然保持了慕萨莱思的原生态性，但同时也严重制约了慕萨莱思的产业化发展。

## 三、现代慕萨莱思酿制工艺与设备

现代工艺的介入可将工艺过程、发酵过程及储藏时间等影响慕萨莱思品质的因素优化。随着时代发展，如今慕萨莱思酿造技术在保留原有特色的同时，也在向标准化、科学化迈进，并建立了新疆地方标准《慕萨莱思技术规范》。

### （一）现代慕萨莱思酿制工艺基本流程

以新疆和田红葡萄等本土葡萄品种为主要原料，采用机械压榨取汁，葡萄皮渣用小火熬煮后过滤取汁，与葡萄原汁混合再熬煮，自然冷却后自然发酵，形成慕萨莱思（图 2-8）。有时工厂生产将皮渣挤压干净，直接丢弃，不再引入酿制工艺中。

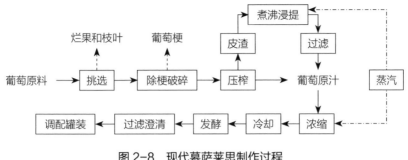

图 2-8　现代慕萨莱思制作过程

## （二）现代慕萨莱思酿制工艺要点和设备

### 1. 原料筛选

慕萨莱思以葡萄为主要原料，少数产品添加红枣、肉苁蓉等药用辅料。因引入商品性种植品种，使得新疆，特别是南疆本地葡萄种植大幅缩减，和田红葡萄种植面积远远不能满足现代慕萨莱思生产需求，生产企业不得寻求其他代用原料，如克瑞森、木纳格等品种的葡萄。因此，优化葡萄品种结构，加强原料基地建设，改进企业与种植户利益联结关系，解决和田红等葡萄种植问题，做到现代慕萨莱思工艺原料的统一是重中之重。应选择新鲜、成熟度好、无腐烂及无病虫害的葡萄原料。裂果、长霉果以及发酵变质的葡萄不适合加工成果汁。葡萄采摘时间在每年的 9—10 月，糖度≥17° Bx，色泽鲜艳、无腐烂变质。果实采用箱或筐装运至加工区后，原料葡萄采用选果机分选后，由人工辅助检验分选。

### 2. 葡萄挑选与清洗方法

与葡萄酒酿制时对原料处理不同之处，在于葡萄拣选后进行清洗。人工拣选腐烂的葡萄粒、果实表面的砂石、果叶等杂质。将拣选好的葡萄通过机器传送至清洗机进行清洗。采用喷淋方式对葡萄进行清洗，葡萄必须充分冲淋、洗涤，洗去附着的农药、灰尘等。

### 3. 除梗破碎

清洗干净的新鲜葡萄利用刮板提升机运送到除梗和破碎压榨机进料口，通过机器运转对葡萄进行果梗分离、清除梗枝、破碎。破碎除梗要求皮破子不破，除梗率98% 以上，进场原料需要在 24h 内加工破碎完毕。

### 4. 榨汁

利用机械自动化方式获取汁液，大大提高了生产效率，部分厂家将葡萄皮渣压榨得过于干净，丢弃不再进行皮渣浸提，这使得慕萨莱思颜色与风味受到一定影响，但提高了生产效率。机械压榨，如螺旋压榨机，容易导致葡萄皮过于细碎，使浓缩与发酵沉淀物过多，澄清困难。小型囊式压榨、框式压榨效果好，但效率低，需要人工配合。使用螺旋压榨机对破碎后的葡萄进行压榨，经孔径为1mm的管道过滤器除去皮渣，经过滤的葡萄汁通过螺杆式泵打入缓冲池沉淀，然后打入夹层锅或不锈钢蒸汽罐内备用。

### 5. 浓缩

利用蒸汽夹层锅、油浴夹层锅或明火加热的自制不锈钢锅等方式加热至沸腾，进行较长时间浓缩。浓缩终止糖度的确定，依据原料起始糖度及产品所需的发酵糖度而定，目前酒厂经验为25~28° Bx 不等。浓缩时间因沸腾强度（单位时间内的蒸发强度）不同而不同：低强度蒸发，在同等终止糖度下，蒸发损失小，有利于保留果香等；高强度蒸发，时间短，蒸发损失大，焦糖香突出。按照慕萨莱思传统工艺，部分厂家依然保留皮渣汁浸提后与原汁混合浓缩，但因其工序操作烦琐，现代化生产需要特殊设备，使得其在规模化工业生产中推广应用受阻。葡萄汁浓缩不仅控糖，也是影响慕萨莱思产品色、香、味的重要工序，浓缩时间长，色泽深，焦糖味重；浓缩时间短，色泽浅，甜香型焦糖味淡（图2-9）。浓缩至达到糖度的汁液，常常原位冷却至室温或略高于室温，打入发酵罐进行发酵。慕萨莱思熬煮液为牛顿流体，其流变学特性受浓度和温度的影响。黏度受温度影响符合阿伦尼乌斯公式，受浓度影响符合指数方程。

企业若利用皮渣，压榨皮渣和水比例为1:1.5~1:3的比例熬煮（小火）2~6h，熬煮过程中采用测糖仪定期检测糖度，当糖度为12~13° Bx 时结束熬煮，汁液具有鲜亮的砖红色。锥形蒸汽夹层锅下部，离锥面约20cm处有个篦子，熬煮结束的皮渣水通过篦子下部出汁口抽出，打入装有原葡萄汁的浓缩锅，进行煮沸熬煮；部分小规模企业，将皮渣装入布袋，直接放入原葡萄汁中一起进行浸提、浓缩。

### 6. 冷却

浓缩葡萄汁的敞口自然冷却是慕萨莱思自然发酵的重要工序。将熬煮好的浓缩汁

图2-9 现代慕萨莱思工艺：葡萄汁浓缩

关气，原位冷却至 35~45℃，依据浓缩锅或罐体不同，冷却时间不等，一般为一个晚上。敞口自然冷却后的浓缩汁，可因蜜蜂停落、容器搅拌等进行自然接种。

### 7. 自然发酵

冷却后浓缩汁通过泵体、软管等打入不锈钢发酵罐，待每个罐装满 80% 时进行封口，发酵温度控制在 20~30℃，发酵时间 20~30d。自然发酵是传统慕萨莱思特质所在，也是慕萨莱思作为葡萄酒"活化石"的经典证据。传统自然发酵需依据室温调整发酵设备放置位置（室内、室外、背阴、向阳等），但工厂作业因设备固定很难移动，这也导致现代工厂对自然发酵控制的难度上升。工厂现有发酵罐多为定制的锥形不锈钢发酵罐，容量 5~20t 不等，自带控温设施少，部分厂家用水喷淋罐体进行控温。部分小规模企业利用大型塑料桶进行自然发酵或传统大型瓷坛发酵。不锈钢发酵罐不仅可以提高产能，还增强了酒液的品质与稳定性。

慕萨莱思自然发酵的菌种可能来自定植于厂区管道、容器、发酵设备等，以及蜂体的传播。与葡萄酒自然发酵不同的是，葡萄原料通过浓缩对慕萨莱思自然发酵微生物贡献可能性要小，但目前不能排除通过蜂体、容器、操作人员等外因。慕萨莱思自然微生物菌群是形成慕萨莱思独特风味特征的关键环节，但因自然微生物菌群不稳定易导致产品不稳定。在慕萨莱思自然发酵过程中，筛选具有产香、降酸、降糖等优良功能的酵母菌，一定程度上可稳定慕萨莱思品质。自然发酵结束，原位后熟直至灌装。对于保糖类产品，慕萨莱思原液泵入调配罐中通过加入少量蒸馏酒终止发酵，此外，可用化学法和物理法终止发酵，如添加亚硫酸、加热等。

### 8. 慕萨莱思后熟与澄清

传统慕萨莱思入坛开始，自然发酵约 45d 即成熟，可饮用。但在规模化生产中，新鲜慕萨莱思因物理、化学、生物性质不稳定使储存成为一个突出问题，也是一个技术难点。目前，规模化生产慕萨莱思发酵结束后，通过长时间澄清、多次倒罐及灌装前进行过滤，获得澄清型慕萨莱思。发酵结束后的倒罐次数依据厂家经验不同而不同。典型操作是发酵结束后（糖度不再下降），立即倒罐成熟（或原位成熟）、2 个月后第二次（或第一次）倒罐，之后过冬，开春之前第三次（或第二次）倒罐，达到澄清后，可补 $SO_2$ 等进行长期存放。为了进一步提高慕萨莱思的外观和口感，澄清型慕萨莱思在灌装前进行下胶、过滤等方法对酒体再次过滤澄清。过滤设备有硅藻土过滤机和膜过滤机。过滤设备及过滤技巧相对复杂，传统慕萨莱思酿酒师掌握难度大，使得慕萨莱思澄清工艺依然处于摸索阶段。

### 9. 杀菌灌装

过滤后的慕萨莱思进行灌装、巴氏杀菌。产品经质量检验确定符合《慕萨莱思》（DB65/T 2924—2008）标准后进行巴氏杀菌。巴氏杀菌具有两种方式：①将所要灌装酒体打入蒸汽夹层锅进行杀菌，时间依据温度不同而不同，通常为 65 ~ 95℃，温度越高时间越短，多在 15 ~ 30min。此方式，蒸发损失量大，但其灌装容器可允许塑料材料。②将慕萨莱思预灌装于容器内，敞口，再进行水浴巴氏杀菌，此方式杀菌时间长，蒸发量小，杀菌过程中有瓶裂风险。对于酒精度高、选择 SO₂ 处理的慕萨莱思可直接进行灌装，但容器需要进行灭菌，玻璃瓶可利用巴氏杀菌，塑料容器最好购买无菌灌装桶或瓶。没有无菌容器的部分厂家会用慕萨莱思冲洗 2 ~ 3 遍再进行灌装，但存在二次发酵或酸败风险。

### （三）现代慕萨莱思工艺多样性

目前，阿瓦提县有一定规模的加工企业不足 10 家，因本土酿酒师年龄老化、传统酿制工作强度大、人工成本高，使得小作坊迅速消减。目前大部分慕萨莱思厂家已经开始选择与现代技术相结合的工艺，但在部分工艺环节仍存在不同的处理方法，包括葡萄原料的采摘与选取、熬煮过程中糖度终点的选择及发酵方式的选择等。慕萨莱思的现代化过程还处于摸索阶段，其传统性、工序设备难更替性、操作参数无系统性，导致慕萨莱思兼顾规模化和传统作坊生产的标准化生产还存在难度，体现在原料品质、辅料添加、压榨、皮渣浸提、浓缩、冷却、自然发酵、灌装、储存等各个方面，使得现有慕萨莱思工艺多样、产品多样，品质参差不齐等。尽管如此，现代慕萨莱思生产工艺得到一定改善，传统工艺与先进设备相结合，加快了产业发展及规模壮大。

### （四）现代慕萨莱思工艺与传统慕萨莱思工艺的差别

如何对传统慕萨莱思"守正创新"，其根本原则是遵循传统慕萨莱思优质酿制的内在科学规律。基于此，应对外在承载的设备、检测技术、质量控制流程等方面进行现代化改进，例如与传统工艺相比，现代慕萨莱思酿造技术中机器取代了部分人工，大大提高了生产效率和原料利用率。现代慕萨莱思工艺更注重卫生、品质及效率等要求，在一定程度上也更加科学和规范。

现代慕萨莱思工艺与传统生产工艺有如下差别（表 2-1）。

（1）原料选取方面，现代工艺选择葡萄品种多样化，受成本等影响，偶尔会添加辅料。

（2）通过机械喷洒装置清洗葡萄原料代替人工清洗。

（3）现代工艺在原汁获取中由机器取代了人工，不仅大大提高了生产效率和原料利用率，还提高卫生安全、降低污染风险。

（4）现代工艺通过不锈钢夹层锅或不锈钢罐进行原汁浓缩，且将糖度标准作为浓

表 2-1　传统慕萨莱思工艺与现代慕萨莱思工艺的主要差异

| 工艺 | 原料 | 原料处理 | 原汁获取 | 浓缩工序 | 发酵工序 | 后续工序 |
|---|---|---|---|---|---|---|
| 传统慕萨莱思工艺 | 主要选择和田红葡萄，部分添加桑葚、红枣等辅料 | 人工挑选、清洗果实 | 人工取汁 | 木材火，铁锅或不锈钢锅，沿用传统熬煮工序，以最终状态判断结束时间 | 瓷坛，自然发酵 | 自然澄清或混浊，直接饮用 |
| 现代慕萨莱思工艺 | 和田红、木纳格、克瑞森葡萄 | 人工挑选，机器清洗果实 | 机械取汁 | 蒸汽，夹层锅或不锈钢锅，沿用传统熬煮工序，以最终糖度判断结束时间 | 不锈钢发酵罐，自然发酵 | 倒罐、自然澄清、过滤、罐装、杀菌 |

缩的终止，提高了生产效率，降低了外源铁对慕萨莱思品质的影响，浓缩糖度统一也降低环境污染，提升厂区卫生环境等，均对慕萨莱思质量稳定起到促进作用。

（5）发酵工序中，现代工艺选用不锈钢发酵罐进行自然发酵，大大提高生产效率，降低劳动强度，同时加强了卫生防控。由于发酵罐本身大于浓缩锅，装满罐需要入罐原料依浓缩批次顺序加入发酵罐，使得大罐发酵无形中以分批补料方式完成，避免了一次入料的起发慢、发酵停滞、发酵不完全等风险。但对高糖慕萨莱思产品，无温控措施的大罐，控制难度比较大。如果用大罐发酵的话，后期存储也需用大的存储罐（一般是不锈钢罐）。因容量大使得高度远远高于传统容器，有利于自然澄清。

（6）自然发酵完成，现代工厂中，对慕萨莱思进行稳定化处理，已达到产品品种稳定的目的，包括自然澄清＋倒罐、灌装前过滤、灌装前或灌装后进行巴氏杀菌。这使得传统慕萨莱思的特征改变或部分程度损失。例如传统的混浊型变成澄清型，风味随着自然澄清时间增加而不断改变，果汁浓缩带来的果脯香、焦糖香、果酱香及发酵的新鲜果香均逐步变弱，但更具有协调性。传统慕萨莱思成熟期短，保留发酵的果香及果脯香等，同时带有气感。

# 四、慕萨莱思与其他葡萄酒的区别

慕萨莱思是葡萄浓缩浆的含有酒精度的自然发酵品，与市面上的葡萄酒有本质区别，主要体现在因原料和工艺不同带来的独特品质特征。

## （一）酒体和风味独特

慕萨莱思，酒精度在 10%～14%vol，一些加强型慕萨莱思加入慕萨莱思蒸馏酒，酒精度则可达到 15%~20%vol。色泽特征以砖红色或棕色为主，少数呈金黄色。酒液澄清和混浊均存在。慕萨莱思口感醇厚，且偏甘甜，无涩感；风味具有典型的果脯香、焦糖香、果酱香。相对葡萄酒低温饮用加强其酒品特质，慕萨莱思以常温或加热饮用更适宜。

### （二）酿造原料丰富

酿造慕萨莱思的葡萄有别于常规红葡萄酒所用的玫瑰红、解百纳等酿酒葡萄，而是当地产的和田红、木纳格、绿葡萄等新疆葡萄，用这些葡萄酿造慕萨莱思避免了与红葡萄酒竞争原料及红葡萄酒的原料单一化问题。此外，依据慕萨莱思传统酿造工艺，在葡萄汁浓缩过程中加入少许鹿茸、小豆蔻、枸杞子、红花、肉苁蓉、藏红花、玫瑰花、丁香、桑葚等各种药材，以及鸽子、雪鸡，甚至烤羊羔肉等。

### （三）加工工艺独特

熬煮后自然发酵是慕萨莱思与其他葡萄酒酿造方法的最本质区别。慕萨莱思酿造的熬煮工序几乎掩盖了原有的果香味及破坏了劣等果的不良风味，很大程度上削弱了酿造年份和原料对感官、品质的影响，使其降低了葡萄品种选择方面的依赖度，突出了慕萨莱思典型的焦香和醇香。其次，酿造原料经过长时间熬煮，一些来自葡萄表皮和原汁的有害细菌、酵母菌基本被杀死，使慕萨莱思在不添加任何酵母、添加剂的情况下能够完整地保持原生态性。

慕萨莱思与其他果酒的发酵方式也有所区别。商业化果酒是直接把原料压榨后加商业酵母发酵，采用的是强化接种控温发酵。而传统慕萨莱思主要传承的是煮沸去水后无曲发酵的酿造技术，即熬煮后的汁在敞口冷却的同时吸纳了大量来自酿造间的微生物，为后期的发酵进行了自然接种。葡萄酒酿造微生物群落大部分来自原料，慕萨莱思主要微生物菌群多数来自酿造设备与环境，使葡萄酒自然发酵微生物群落多样但不易控制，而慕萨莱思保留了酿酒的关键微生物群落，易于自然发酵，酒体相对稳定，这可能是慕萨莱思得以流传的重要原因之一。

# 第三章

# 慕萨莱思品质特征

## 一、概述

　　因南疆本土和田红葡萄原料、葡萄汁浓缩与自然发酵的特殊工艺，以及地方自然菌群的长期驯化等原因，传统慕萨莱思的色泽、感官风味、风格及药食特性等明显不同于常规葡萄酒，形成独特且典型的品质。同时，因目前慕萨莱思规模化的中小企业、传统作坊并存，酿酒师经验不同，为适应现代化需求导致的工艺细节变动等，使慕萨莱思在色泽、理化性质、风味、风格等方面有较大波动。我们期望通过对慕萨莱思的理化分析及其波谱分析，在客观上反映慕萨莱思现有质量水平，为慕萨莱思的质量提升提供客观数据。

## 二、慕萨莱思感官特征

　　作为新疆阿瓦提县传统饮品之一，慕萨莱思的酿造过程在严格遵守祖辈的熬煮和自然发酵两大基本工序的同时，工艺中的粗略调整与细节变化，造就了其产品特性丰富多样。但慕萨莱思典型特征总体表现为混浊或澄清，砖红色，带有果脯、果酱的焦糖香味，同时兼顾果香与花香。

　　慕萨莱思外观与感官特征如图3-1。慕萨莱思的色泽特征以棕色为主调，但光泽度不强，呈混浊态。在酸、甜、苦、涩四大味觉中，酸甜突出，苦味中等，略有涩味，由酒精引起的辛辣味最弱，酒体圆润而尾味悠长。慕萨莱思各样品间颜色、混浊度、澄清度、光泽度差异性显著，这与其熬煮、发酵及后续是否具有澄清、过滤等相关处

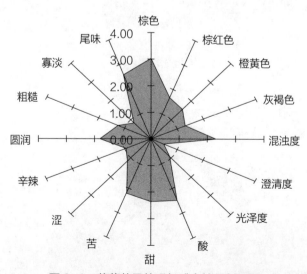

图3-1　慕萨莱思外观与感官特征剖面图

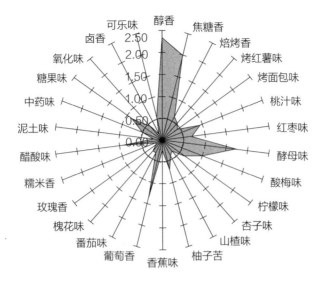

图 3-2  慕萨莱思香气特征剖面图

理工艺有直接关系。酸、甜、苦、涩在样品之间的差异显著，除去葡萄汁及其皮渣的熬煮时间与方式不同，与葡萄成熟度（主要为酸度、糖度及酚类物质含量）可能具有密切相关性，也与微生物代谢活动有关，如酵母菌将糖类物质消耗，使苦味、酸味失去了甜味的掩盖而凸显。高酒精度可以增加苦味、涩味及粗糙感的易感受度，或可能因为某些代谢产物，如具有微苦味的 2,3-丁二醇使葡萄酒的苦味更明显。

慕萨莱思香气特征（图 3-2）：慕萨莱思香气特征丰富，醇香、焦糖香突出，同时果香丰富且馥郁（红枣味、葡萄香、酸梅味、杏子味、糖果味、柚子苦等），酵母味重，醋酸味明显，花香味不足，偶尔有中药味，存有痕量泥土味等。慕萨莱思的香气特征也主要与原料、加工工艺和存放时间有关。和田红葡萄酿制的慕萨莱思具有典型的醇香与焦糖香，略带中药味，而阿瓦提红葡萄酿制的慕萨莱思具有较重的酵母味及略带花香，混合葡萄酿制的具有典型的柚子苦。和田红葡萄酿制的慕萨莱思香气特征丰富、馥郁，为当地慕萨莱思酿造师首选品种。

# 三、慕萨莱思理化特征

## （一）慕萨莱思理化指标

理化特性是食品质量的重要组成部分，直接或间接地由原料和技术决定。色度直接受煮沸过程以及氧气储存的影响。酒精度、总糖、总酸度、挥发性酸度和总酚含量与风味相关，直接或间接取决于原料的质量和发酵程度。浊度与是否过滤有关。相对密度、干浸出物和总可溶性固形物直接受煮沸和发酵过程的影响。pH值影响酒的颜色、风味甚至保质期。

从新疆手工作坊及工厂获取了15个慕萨莱思样本，对其理化性质进行了测定（表3-1）。结果发现15个慕萨莱思样品的12个理化参数存在显著差异，这证明慕萨莱思理化特性波动很大。浊度均值为316.87NTU，干浸出物平均值为63.04g/L，慕萨莱思品质的代表特征远高于葡萄酒中的常见值。这进一步证实了慕萨莱思的独特品质。

### 1. 总糖及酒精度特征

15份慕萨莱思酒品质的主要指标总糖含量在7.5~12.5g/L，介于干葡萄酒的高值区和半甜葡萄酒的低值区之间。实际市场上慕萨莱思总糖含量从小于4g/L到160g/L不等，在所有指标中，波动幅度最大。酒精度为3.62%~11.5%vol，平均值为7.85%vol。慕萨莱思的总糖和酒精度不高。低值可能是受自然发酵温度波动、酵母群落结构和葡萄酒工艺学特性的影响较大。总可溶性固形物的最大值为27.3° Bx，最小值为10.1° Bx，平均值为16.48° Bx。平均值和大部分单项总可溶性固形物刚好超过GB 15037—2006中白葡萄酒的限值。

### 2. 总酸及挥发性特征

大部分慕萨莱思样品的总酸小于8g/L、挥发性酸小于1g/L。然而，少数慕萨莱思总酸远高于10g/L，市场慕萨莱思有时可高达16g/L；少数慕萨莱思挥发性酸远高于1g/L，这对于葡萄酒来说是异常的。挥发性酸可以作为整个酿造过程中微生物污染的指标之一，也可以作为慕萨莱思的卫生指标。

### 3. 浊度及色度特征

浊度是慕萨莱思的基本特征，是有经验的酿酒师评价慕萨莱思质量的重要指标。慕萨莱思样品的浊度在64.1~1015NTU，其中有过度澄清及过度混浊的慕萨莱思。人为添加澄清剂或将慕萨莱思从一个罐转移到另一个罐中，经常会获得澄清慕萨莱思（浊度约为100NTU）。人工澄清的慕萨莱思与自然沉降的传统慕萨莱思风味不同。为满足我国东南部地区部分消费者的需求，市场上出现了澄清型慕萨莱思。

影响葡萄酒色度的因素，包括酚类物质、原料中的花青素，甚至是糖浓度。慕萨莱思的色度主要来源于葡萄汁浓缩过程中煮沸产生的剧烈美拉德反应和酚类氧化聚合反应。在自然发酵过程中，色素物质可能被微生物分解转化，在熟化阶段酒泥对色素的吸收，均会对色度产生一定影响。慕萨莱思的色度平均值为5.50，变化范围为1.62~27.1。色度和浊度两个参数之间存在相关性。

表3-1 15个慕萨莱思样品的理化参数数值及显著差异分析（单样本 t 检验）

| 样品/（单位） | Phenol/（mg/L） | Chro/- | TS/（g/L） | SSD/（°Bx） | RD/% | AC/% vol | DET/（g/L） | V Acid/（g/L） | pH值/- | T Acid/（g/L） | TUB/NTU | Iron/（mg/L） |
|---|---|---|---|---|---|---|---|---|---|---|---|---|
| XH | 18.43 | 2.63 | 11 | 15.2 | 0.9988 | 3.62 | 80.3 | 0.62 | 4.2 | 4.4 | 182.6 | 1.75 |
| WF | 18.75 | 2.23 | 10.5 | 15.7 | 0.9883 | 8.5 | 64.7 | 0.31 | 4.02 | 3.4 | 161.7 | 1.94 |
| DL1 | 17.08 | 1.85 | 11 | 15.1 | 0.9882 | 8.4 | 72.4 | 0.26 | 3.86 | 4.5 | 131.3 | 2.79 |
| DT | 22.66 | 1.85 | 7.5 | 20.1 | 0.988 | 8.3 | 31.0 | 0.42 | 3.99 | 3.4 | 76.89 | 1.64 |
| AL | 21.76 | 2.06 | 12.5 | 13.2 | 0.9858 | 10.5 | 74.8 | 0.62 | 4.03 | 5.5 | 64.1 | 2.53 |
| DL2 | 26.83 | 1.87 | 10.0 | 10.1 | 0.9877 | 9.0 | 59.7 | 0.52 | 3.95 | 5.1 | 95.63 | 0.64 |
| XJ | 16.12 | 2.08 | 10.0 | 27.3 | 0.9928 | 5.99 | 86.7 | 0.31 | 3.78 | 5.2 | 198.1 | 1.64 |
| DP | 20.74 | 1.62 | 10.0 | 12.3 | 0.991 | 6.4 | 72.4 | 0.36 | 3.76 | 4.8 | 91.3 | 2.01 |
| DW | 34.46 | 9.34 | 12.5 | 13.9 | 0.9898 | 7.4 | 75.3 | 2.03 | 3.53 | 10.0 | 584.3 | 3.24 |
| H | 44.97 | 9.26 | 12.5 | 18.5 | 0.9888 | 8.0 | 103.5 | 1.82 | 3.87 | 10.7 | 723.2 | 5.21 |
| PLH | 73.73 | 3.03 | 8.5 | 11.2 | 0.9959 | 4.22 | 31.3 | 0.52 | 4.14 | 4.4 | 257.4 | 15.68 |
| WS | 45.16 | 8.57 | 9.0 | 23.6 | 0.9846 | 11.5 | 40.5 | 0.88 | 4.00 | 5.0 | 584.3 | 12.07 |
| MTD | 58.75 | 5.38 | 10.5 | 15.9 | 0.9873 | 9.6 | 40.5 | 0.47 | 4.1 | 6.0 | 283.1 | 3.03 |
| GZF | 40.16 | 27.1 | 8.5 | 24.8 | 0.9888 | 8.0 | 44.2 | 0.57 | 4.12 | 5.0 | 1015 | 1.47 |
| LP | 31.06 | 3.56 | 12.0 | 10.3 | 0.9881 | 8.3 | 68.3 | 0.42 | 3.85 | 3.3 | 304.1 | 3.3 |
| 均值 | 32.71 | 5.50 | 10.40 | 16.48 | 0.990 | 7.85 | 63.04 | 0.62 | 3.95 | 5.38 | 316.87 | 3.93 |
| $t$ | 7.45 | 3.22 | 25.62 | 11.94 | 1027.87 | 14.36 | 11.41 | 4.92 | 87.10 | 9.62 | 4.35 | 3.60 |
| Sig. | 0.000 | 0.006 | 0.000 | 0.000 | 0.000 | 0.000 | 0.000 | 0.000 | 0.000 | 0.000 | 0.001 | 0.003 |

注：Phenol，总酚；Chro，色度；TS，总糖；SSD，总可溶性固形物；RD，相对密度；AC，酒精度；DET，干浸出物；V Acid，挥发性酸；T Acid，总酸；TUB，浊度；Iron，铁。

### 4. 总酚特征

慕萨莱思总酚最低值为 16.12mg/L，最高值为 73.73mg/L，相差 57.61mg/L，平均值为 32.71mg/L。但整体来看，慕萨莱思总酚值仍远低于红、白葡萄酒。葡萄的不同加工方法对总酚含量及其种类有很大的影响。慕萨莱思中的低酚含量可以解释为酿酒原料来自当地食用品种的葡萄，具有较低的单宁和花色苷。除此之外，葡萄汁或葡萄渣的煮沸会导致总酚的损失。

### 5. 铁含量特征

传统酿制中，在铁含量较高的土锅中煮沸葡萄汁会导致慕萨莱思中总铁含量较高。部分样品总铁含量为 15.68mg/L，远高于 GB 15037—2006 中的标准值 8mg/L。铁含量低的慕萨莱思，可低至 0.64mg/L，这可能与使用不锈钢容器煮沸、发酵等因素有关。若慕萨莱思曝露在空气中，铁含量可能会对慕萨莱思的颜色产生影响，使其由红棕色变为深棕色。

## （二）慕萨莱思理化指标的相关性分析

选用慕萨莱思 10 个理化参数，进行相关性分析（表 3-2）发现：总酚含量与铁含量具有强相关性，以此，色度与浊度具有强相关性；可溶性固形物与干浸出物、总酸具有强相关性；挥发性酸与总酸、浊度具有显著相关性；酒精度、总糖与其他理化指标未有明显的相关性。

目前葡萄酒的等级划分是按照感官评定的方法，主要通过对葡萄酒的视觉、嗅觉和味觉做出感官评定，但感官鉴定主要依靠人体的感觉器官，这样就不可避免地会出现个体差异，且品尝者可能受时间、环境、情绪甚至体力的影响，品尝的结果也就不同。尝试对慕萨莱思的理化指标进行多元统计分析，建立客观的等级划分方法。利用等级与相关性分析，获得总酚、色度、挥发性酸、总酸、浊度、铁含量与慕萨莱思等级具有相关性。糖度和干浸出物与慕萨莱思等级划分成不明显的负相关性，即慕萨莱思等级越高，糖度和干浸出物含量可能越低，与总酚、铁含量以及浊度成正相关性。判别分析采用 Wilks Lambda 方法，判别标准采用 F 值评价法（表 3-3），得到总酚、总酸、铁含量以及色度指标在判别函数中具有重要贡献，且总酚含量具有较大的 F 值。线性判别分析建立对不同等级识别模式，很好地鉴别了 3 个不同等级的慕萨莱思，判别正确率达到 80%。因此，采用多元分析参数的分析方法，通过逐步判别分析得到的总酚、总酸、铁含量及色度可以判别慕萨莱思酒的等级。

表 3-2 15 个慕萨莱思样品的理化指标 Pearson 相关性

| | 相关性及显著性 | 等级 | 总酚 | 色度 | 可溶性固形物 | 总糖 | 酒精度 | 干浸出物 | 挥发性酸 | 总酸 | 浊度 | 铁 |
|---|---|---|---|---|---|---|---|---|---|---|---|---|
| 等级 | 相关性 | 1 | 0.758** | 0.586* | -0.123 | -0.060 | 0.012 | -0.184 | 0.530* | 0.579* | 0.724** | 0.528* |
| | 显著性 | — | 0.001 | 0.022 | 0.663 | 0.832 | 0.966 | 0.512 | 0.042 | 0.024 | 0.002 | 0.043 |
| 总酚 | 相关性 | 0.758** | 1 | 0.314 | -0.213 | 0.293 | -0.017 | -0.493 | 0.262 | 0.254 | 0.430 | 0.747** |
| | 显著性 | 0.001 | — | 0.255 | 0.447 | 0.289 | 0.953 | 0.062 | 0.346 | 0.362 | 0.110 | 0.001 |
| 色度 | 相关性 | 0.586* | 0.314 | 1 | -0.167 | -0.073 | 0.169 | -0.164 | 0.321 | 0.289 | 0.921** | 0.009 |
| | 显著性 | 0.022 | 0.255 | — | 0.552 | 0.797 | 0.547 | 0.560 | 0.244 | 0.296 | 0.000 | 0.974 |
| 可溶性固形物 | 相关性 | -0.123 | -0.213 | -0.167 | 1 | -0.020 | 0.115 | 0.778** | 0.484 | 0.542* | -0.002 | -0.262 |
| | 显著性 | 0.663 | 0.447 | 0.552 | — | 0.944 | 0.682 | 0.001 | 0.068 | 0.037 | 0.994 | 0.346 |
| 总糖 | 相关性 | -0.060 | 0.293 | -0.073 | -0.020 | 1 | -0.029 | -0.310 | -0.165 | -0.175 | -0.115 | -0.054 |
| | 显著性 | 0.832 | 0.289 | 0.797 | 0.944 | — | 0.918 | 0.261 | 0.558 | 0.532 | 0.684 | 0.849 |
| 酒精度 | 相关性 | 0.012 | -0.017 | 0.169 | 0.115 | -0.029 | 1 | -0.172 | 0.093 | 0.099 | 0.154 | -0.121 |
| | 显著性 | 0.966 | 0.953 | 0.547 | 0.682 | 0.918 | — | 0.539 | 0.742 | 0.726 | 0.583 | 0.669 |
| 干浸出物 | 相关性 | -0.184 | -0.493 | -0.164 | 0.778** | -0.310 | -0.172 | 1 | 0.373 | 0.496 | -0.008 | -0.399 |
| | 显著性 | 0.512 | 0.062 | 0.560 | 0.001 | 0.261 | 0.539 | — | 0.170 | 0.060 | 0.978 | 0.141 |

续表

| | 相关性及显著性 | 等级 | 总酚 | 色度 | 可溶性固形物 | 总糖 | 酒精度 | 干浸出物 | 挥发性酸 | 总酸 | 浊度 | 铁 |
|---|---|---|---|---|---|---|---|---|---|---|---|---|
| 挥发性酸 | 相关性 | 0.530* | 0.262 | 0.321 | 0.484 | -0.165 | 0.093 | 0.373 | 1 | 0.917** | 0.568* | 0.156 |
| | 显著性 | 0.042 | 0.346 | 0.244 | 0.068 | 0.558 | 0.742 | 0.170 | — | 0.000 | 0.027 | 0.579 |
| 总酸 | 相关性 | 0.579* | 0.254 | 0.289 | 0.542* | -0.175 | 0.099 | 0.496 | 0.917** | 1 | 0.510 | 0.036 |
| | 显著性 | 0.024 | 0.362 | 0.296 | 0.037 | 0.532 | 0.726 | 0.060 | 0.000 | — | 0.052 | 0.899 |
| 浊度 | 相关性 | 0.724** | 0.430 | 0.921** | -0.002 | -0.115 | 0.154 | -0.008 | 0.568* | 0.510 | 1 | 0.197 |
| | 显著性 | 0.002 | 0.110 | 0.000 | 0.994 | 0.684 | 0.583 | 0.978 | 0.027 | 0.052 | — | 0.197 |
| 铁 | 相关性 | 0.528* | 0.747** | 0.009 | -0.262 | -0.054 | -0.121 | -0.399 | 0.156 | 0.036 | 0.197 | 1 |
| | 显著性 | 0.043 | 0.001 | 0.974 | 0.346 | 0.849 | 0.669 | 0.141 | 0.579 | 0.899 | 0.482 | — |

注：**，在 0.01 水平（双侧）显著相关；*，在 0.05 水平（双侧）显著相关。

表 3-3　组均值的均等性检验

| 指标 | Wilks Lambda | F | df1 | df2 | Sig. |
|------|------|------|------|------|------|
| 总酚 | 0.294 | 14.416 | 2 | 12 | 0.001 |
| 色度 | 0.599 | 4.017 | 2 | 12 | 0.046 |
| 总酸 | 0.657 | 3.136 | 2 | 12 | 0.080 |
| 铁 | 0.675 | 2.894 | 2 | 12 | 0.094 |

## （三）影响慕萨莱思稳定性的理化因素

储存温度、酒精度、总酸、pH 值、加晶核、光照等不同因素对慕萨莱思酒稳定性均具有影响。随着温度的升高，慕萨莱思稳定性升高；随着酒精度的提高，慕萨莱思中酒石溶解度上升，慕萨莱思稳定性提高（图 3-3）；随着日光照射、紫外光照射的时间增加，慕萨莱思吸光度降低（图 3-3）；随着总酸含量的增加，慕萨莱思的

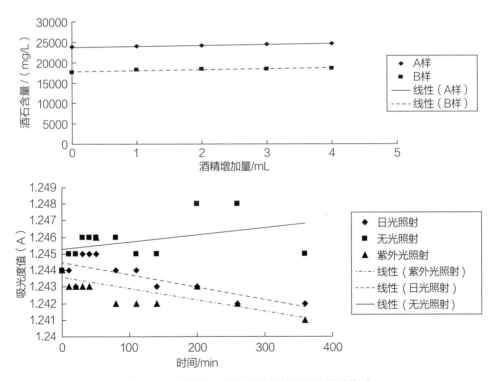

图 3-3　酒精度及光度对慕萨莱思稳定性的影响

注：将酒样以 4000r/min 的转速离心 30min 后用滤纸过滤。将未离心酒样记为 A，将离心并过滤后的酒样标记为 B。

稳定性降低（表3-4）；随着 pH 值上升，慕萨莱思的稳定性降低；随着晶核的加入，慕萨莱思的稳定性提高（表3-5）。慕萨莱思中蛋白质、铁离子、胶体色素、氧化酶对慕萨莱思也具有不同程度的影响。通过其他非生物稳定性实验表明：蛋白质、铁离子、胶体色素、氧化酶的不稳定以及光照的影响和过滤处理的不充分都是造成慕萨莱思混浊的原因。

表3-4　总酸对慕萨莱思稳定性的影响

| 酒样编号 | A 样（酒石量）/（mg/L） | B 样（酒石量）/（mg/L） |
| --- | --- | --- |
| 0 对比样（加 20mL 蒸馏水） | 23810.17（无晶体析出） | 17594.83（无晶体析出） |
| 1 | 37264.76（微量晶体析出） | 31989.43（微量晶体析出） |
| 2 | 58073.37（少量晶体析出） | 51924.75（少量晶体析出） |
| 3 | 79746.93（较多晶体析出） | 71000.43（较多晶体析出） |
| 4 | 99477.64（大量晶体析出） | 92571.33（大量晶体析出） |

表3-5　pH 值与酒石稳定性的关系

| 酒样编号 | 酒样 A | 酒样 B |
| --- | --- | --- |
| 0 对比（pH 值）3.93 | 无晶核析出，但有沉淀 | 无晶体析出，微量沉淀 |
| 1　pH 值 3.97 | 微量晶核析出，有沉淀 | 微量晶核析出，少量沉淀 |
| 2　pH 值 4.05 | 少量晶核析出，有沉淀 | 极少量晶核析出，有沉淀 |
| 3　pH 值 4.10 | 中量晶核析出，较多沉淀 | 少量晶核析出，较多沉淀 |
| 4　pH 值 4.15 | 较多晶核析出，大量沉淀 | 中量晶核析出，大量沉淀 |

# 四、慕萨莱思光谱特征

## （一）慕萨莱思拉曼光谱特征

张志杨等建立的慕萨莱思扫描图谱的参数为：激光能量为 75mA，光阑为 50μm 狭缝，聚焦为 1730，边到边为 165，上/下为 20，采集曝光时间为 1s，预览采集时间为 0.5s，样品曝光次数为 50 次，宇宙射线阈值为中等，使用智能背景。慕萨莱思中主要成分是酒精，葡萄汁中主要成分是葡萄糖、果糖、酒石酸。图 3-4 是酒精的拉曼光谱图及拉曼峰，图 3-5 是糖酸混合溶液（葡萄糖、果糖、酒石酸、苹果酸、柠

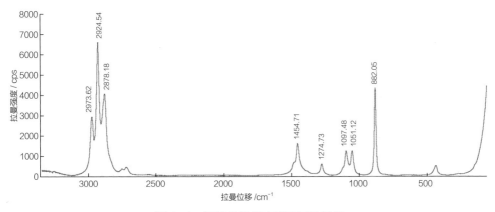

图 3-4　酒精的拉曼光谱图及拉曼峰

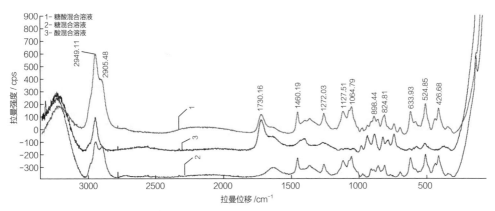

图 3-5　糖酸混合溶液、糖混合溶液、酸混合溶液的拉曼光谱图及拉曼峰

檬酸）、糖混合溶液（葡萄糖、果糖）、酸混合溶液（酒石酸、苹果酸、柠檬酸）的拉曼光谱图及拉曼峰。图 3-6 是不同作坊和厂家和慕萨莱思样品的拉曼光谱图。

　　慕萨莱思理化指标与拉曼光谱图峰做相关性分析，选出相关性最大的峰值作为特征峰。理化指标与特征峰回归方程如表 3-6 所示，总糖、酒精度、褐变度和亮度（$L^*$）所对应的拉曼特征峰的相关系数 $R^2$ 较高，而褐变度所对应的 1782cm$^{-1}$ 的峰值不明显。将总糖、酒精度和 $L^*$ 所对应的特征峰确定为样品的慕萨莱思拉曼特征峰，即 420cm$^{-1}$、876cm$^{-1}$、1084cm$^{-1}$（由于荧光效应及噪声等因素的影响会使拉曼峰有所漂移）。

　　从理化指标与特征峰的回归方程（表 3-6）可以推测，酒精度与特征峰回归方程的相关系数 $R^2$ 为 0.9143，可以将拉曼位移为 874cm$^{-1}$ 左右作为快速测量酒精度的辅助方法；总糖、褐变度和 $L^*$ 与特征峰回归方程的相关系数 $R^2$ 为 0.7 ~ 0.9，可

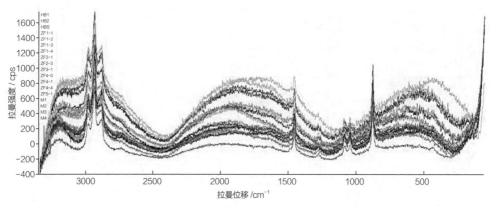

图 3-6　不同作坊和厂家的慕萨莱思样品的拉曼光谱图

表 3-6　理化指标与特征峰回归方程

| 理化指标（$Y$） | 特征峰（$X$） | 回归方程 | 显著性 | $R^2$ |
|---|---|---|---|---|
| 总糖 | 418.67cm$^{-1}$ | $Y=41.8784+0.911X$ | $P=0.00$ | 0.7205 |
| 酒精度 | 874.75cm$^{-1}$ | $Y=-0.1479+0.33X$ | $P=0.00$ | 0.9143 |
| 褐变度 | 1782.09cm$^{-1}$ | $Y=0.4635+0.004X$ | $P=0.00$ | 0.7351 |
| 总酸 | 873.78cm$^{-1}$ | $Y=-4.8433+0.007X$ | $P=0.00$ | 0.4299 |
| 挥发性酸 | 872.82cm$^{-1}$ | $Y=0.1327+0.002X$ | $P=0.00$ | 0.4331 |
| $L*$ | 1084.95cm$^{-1}$ | $Y=63.212+0.150X$ | $P=0.00$ | 0.7734 |
| 总酚 | 217.5nm（紫外） | $Y=-75.7658+417.032X$ | $P=0.00$ | 0.8233 |
| $b*$（黄和蓝） | 236.5nm（紫外） | $Y=30.5839+18.463$ | $P=0.00$ | 0.7153 |
| $a*$（红和绿） | 241.5nm（紫外） | $Y=-6.991+18.517X$ | $P=0.00$ | 0.8179 |

以快速粗略估计对应指标范围，但用于精密测量还是会受到限制；总酸和挥发性酸与特征峰回归方程的相关系数 $R^2$ 在 0.5 以下，用于慕萨莱思总酸和挥发性酸的测量中欠妥。

## （二）慕萨莱思紫外可见吸收光谱特征

指纹图谱是近些年迅速发展起来的一种质量控制模式，通过指纹图谱的特征性分析，对鉴别产品质量稳定性和中药的真伪均具有重要的参考价值。利用紫外可见吸收

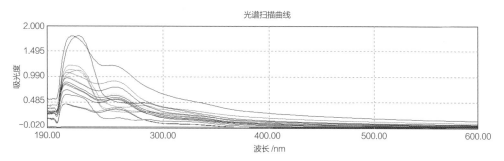

图 3-7　13 批慕萨莱思酒的紫外吸收图谱

光谱法建立了一种慕萨莱思的指纹图谱，慕萨莱思总酚、*a** 和 *b** 所对应的紫外可见特征峰的相关系数 $R^2$ 较高（表 3-6）。将总酚和 *a** 所对应的特征峰确定为样品的紫外可见特征峰，即 217.5nm 和 241.5nm（表 3-6）。

　　紫外光谱不仅可以测定慕萨莱思的色度和总酚，还可以通过光谱相似度，评价慕萨莱思的质量稳定性。对比 13 个不同生产批次紫外光谱特征（图 3-7），部分批次存在一定差异，用紫外光谱控制慕萨莱思的质量具有一定的可行性。对比分析各样品间紫外光谱曲线相似度，并求出均值，以其中最小值为相似度阈值。由表 3-7 可见，1～8 批次的样品间相似度最小值为 0.950，因此，将其定为慕萨莱思的阈值。相比待测样品，其中 9、11 的两个批号样品明显小于阈值，表明存在质量波动。

## 五、慕萨莱思抗氧化活性特征

　　慕萨莱思具有不等的花色苷含量、DPPH［1，6-二（二苯基膦基）已烷］清除能力、羟基清除能力、超氧阴离子清除能力、总酚含量，但总体均具有一定的抗氧化能力。慕萨莱思中花色苷和总酚含量高，则其 DPPH 清除能力、羟基清除能力、超氧阴离子清除能力也高（图 3-8 至图 3-11）。慕萨莱思的抗氧化能力，不仅影响慕萨莱思健康功能因子，同时对慕萨莱思本身质量具有重要影响。生产者应对原料选择、传统工艺中皮渣浸提高度重视，使慕萨莱思中保留适量总酚与花色苷浓度，以对酒体产生一定抗氧化保护作用。

## 六、总结

　　慕萨莱思色泽特征以棕色为主色调，但光泽度不强，呈混浊态。在酸、甜、苦、涩四大味觉中，慕萨莱思酸甜突出，苦味中等，略有涩味，由酒精引起的辛辣味最

表 3-7　慕萨莱思的紫外指纹图谱相似度

| 样品编号 | 1 | 2 | 3 | 4 | 5 | 6 | 7 | 8 | 9 | 10 | 11 | 12 | 13 |
|---|---|---|---|---|---|---|---|---|---|---|---|---|---|
| 1 | 1.0000 | 0.978 | 0.956 | 0.943 | 0.976 | 0.969 | 0.988 | 0.973 | 0.901 | 0.944 | 0.966 | 0.986 | 0.981 |
| 2 | 0.978 | 1.0000 | 0.974 | 0.945 | 0.972 | 0.939 | 0.932 | 0.919 | 0.915 | 0.975 | 0.911 | 0.955 | 0.973 |
| 3 | 0.956 | 0.974 | 1.0000 | 0.928 | 0.991 | 0.931 | 0.948 | 0.939 | 0.935 | 0.986 | 0.786 | 0.983 | 0.965 |
| 4 | 0.943 | 0.945 | 0.928 | 1.0000 | 0.939 | 0.996 | 0.912 | 0.934 | 0.906 | 0.943 | 0.888 | 0.971 | 0.982 |
| 5 | 0.976 | 0.972 | 0.991 | 0.939 | 1.0000 | 0.956 | 0.943 | 0.927 | 0.936 | 0.987 | 0.791 | 0.976 | 0.994 |
| 6 | 0.969 | 0.939 | 0.931 | 0.996 | 0.956 | 1.0000 | 0.977 | 0.971 | 0.928 | 0.993 | 0.850 | 0.971 | 0.997 |
| 7 | 0.988 | 0.932 | 0.948 | 0.912 | 0.943 | 0.977 | 1.0000 | 0.938 | 0.849 | 0.903 | 0.882 | 0.979 | 0.988 |
| 8 | 0.973 | 0.919 | 0.939 | 0.934 | 0.927 | 0.971 | 0.938 | 1.0000 | 0.931 | 0.977 | 0.902 | 0.987 | 0.976 |
| 平均相似度 | 0.973 | 0.957 | 0.958 | 0.950 | 0.963 | 0.967 | 0.955 | 0.950 | 0.913 | 0.963 | 0.872 | 0.976 | 0.982 |

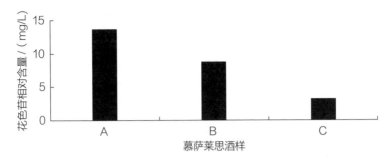

图 3-8　花色苷相对含量比较

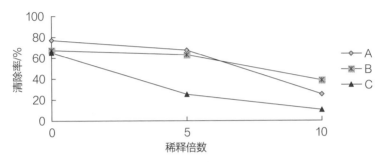

图 3-9　DPPH 清除能力比较

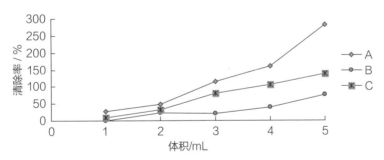

图 3-10　羟基清除能力比较

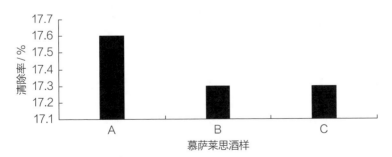

图 3-11　超氧阴离子清除能力比较

弱，酒体圆润而尾味悠长。慕萨莱思香气特征丰富，醇香、焦糖香为慕萨莱思突出香，同时兼果脯与果酱的甜香，果香丰富且馥郁（红枣味、葡萄香、酸梅味、杏子味、糖果味、柚子苦等），酵母味重，醋酸味明显，花香味不足，偶尔有中药味，存有痕量泥土味等。慕萨莱思纯正的棕色色调与典型焦糖香及醇香具有密切相关性。辛辣口感与醇香，苦味、粗糙、涩与柚子苦，酸感与酸梅味及酸味有较强相关性，果香偏向于具有圆润口感的陈酿 1～2 年的慕萨莱思。

总糖为慕萨莱思波动最大的指标，从小于 4g/L 到近 160g/L 不等。总可溶性固形物的最大值为 27.3° Bx，最小值为 10.1° Bx，平均值为 16.48° Bx。总酸含量平均值为 8g/L，低时可达 3.3g/L 左右，个别慕萨莱思总酸含量超过 10g/L；慕萨莱思中挥发性酸的含量都不高，平均值为 0.13g/L，高者远高于 1g/L；酒精度为 3.62%～11.5%vol，平均值为 7.85%vol。浊度在 64.1～1015NTU，慕萨莱思的色度均值为 5.50，变化范围为 1.62～27.1。慕萨莱思总酚含量最低值为 16.12mg/L，最高值为 73.73mg/L，平均值为 32.71mg/L。慕萨莱思中部分样品总铁含量为 15.68mg/L，也具有铁含量低的慕萨莱思，可低至 0.64mg/L。慕萨莱思总酚含量与铁含量具有强相关性，色度与浊度具有强相关性；可溶性固形物与干浸出物、总酸具有强相关性；挥发性酸与总酸、浊度具有显著相关性；酒精度、总糖与其他理化指标未有明显的相关性。慕萨莱思感官指标与基本理化指标在不同厂家、不同年份均存在显著差异，证明慕萨莱思品质不稳定。

慕萨莱思储存的温度、酒度、总酸、pH 值、加晶核、光照等环境条件，对慕萨莱思稳定性均具有影响，随着温度的升高，慕萨莱思稳定性升高；随着酒精度提高，慕萨莱思中酒石溶解度上升，慕萨莱思稳定性提高；随着日光照射、紫外光照射的时间增加，慕萨莱思的吸光度降低；随着总酸增加，慕萨莱思的稳定性降低；随着 pH 值上升，慕萨莱思的稳定性降低；随着晶核加入，慕萨莱思的稳定性提高。铁离子、蛋白质、胶体色素、氧化酶的不稳定以及光照的影响和过滤处理的不充分都是造成慕萨莱思混浊的原因。

慕萨莱思总糖、酒精度、褐变度和 $L*$ 拉曼特征峰确定为 420cm$^{-1}$、874cm$^{-1}$、1084cm$^{-1}$，特征峰与指标具有线性相关性。慕萨莱思总酚含量、$a*$ 和 $b*$ 与紫外可见特征（分别为峰 217.5nm 和 241.5nm）成线性相关。

慕萨莱思具有不等的花色苷含量、DPPH 清除能力、羟基清除能力、超氧阴离子清除能力、总酚含量，总体均具有一定的抗氧化能力。慕萨莱思中花色苷和总酚含量高，则其 DPPH 清除能力、羟基清除能力、超氧阴离子清除能力也高。

第四章

慕萨莱思酿制过程中基本理化变化规律

# 一、概述

　　慕萨莱思是通过葡萄汁浓缩、自然发酵而形成的一种酒精饮品。其酿制过程主要涉及：葡萄汁中的自然糖度经过浓缩升高，通过自然微生物菌群将其转化为酒精。但形成慕萨莱思色、香、味、体的独有特征，不仅仅是糖到酒精的生化历程，还伴随着颜色、浊度、总酸、挥发性酸、总酚及美拉德反应引起的褐变度的变化，这些对慕萨莱思的品质形成也具有重要的影响作用，所以如何控制慕萨莱思酿制过程，是传统慕萨莱思走向规模化工业生产必须解决的问题。系统性探索慕萨莱思酿制过程中理化变化规律，寻求其可能的关键控制点，为传统慕萨莱思标准化生产探索可能途径。

# 二、葡萄汁浓缩过程中基本理化变化规律

## （一）总糖、总酸变化规律

　　在浓缩过程中，收购不同批次的原料葡萄，统一压榨，新汁不断打入 8t 的蒸汽浓缩锅中，随着浓缩过程水分的蒸发，浓缩液面下降，新补入葡萄汁，继续浓缩至所需求的糖度。当可溶性固形物含量在 23 ~ 25° Bx 时停止加热，开始冷却。由图 4-1 可得，浓缩过程中总糖含量呈上升趋势，冷却时总糖含量略微下降，三批次浓缩结束时的总糖含量相差极差为 15.6g/L（1 ~ 2° Bx）。葡萄汁浓缩起始的糖度不均一，例如

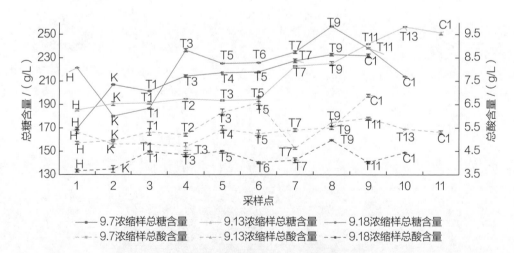

**图 4-1　浓缩过程总糖、总酸含量变化**

注：H指自流汁和压榨汁的混合汁；K为混合汁开锅时刻；T1 ~ T13是开锅后间隔0.5h（连续数之间）或1h（间隔1个数之间）；C1是冷却汁。

9.18 混合汁，总糖含量超过 210g/L，9.13 混合汁糖度居中，接近 190g/L，而 9.7 混合汁糖度最低，不到 170g/L，上述起始浓缩汁糖度，随采摘时间（9 月 7 日，9 月 13 日，9 月 18 日）的葡萄成熟度保持一致。虽然葡萄汁浓缩过程中糖度整体呈上升趋势，但过程中有波动，例如高糖含量的 9.18 混合汁开锅后，总糖含量比混合汁低，原因可能与不同时间进入同一浓缩锅而来源不同压榨批次葡萄原料的糖度有关。浓缩中期总糖含量偏低，例如 9.18T5、9.7T3，可能是因为与新葡萄汁加入有关。冷却过程中物质的沉淀可能吸附一部分糖，使测得的冷却过程中总糖含量略微下降。9.13 浓缩样采样点 6 之前总糖含量变化平缓，有可能是因为浓缩中蒸汽压力不足导致蒸发速率低，有可能是因为在慢慢注入新葡萄汁，随后突然增大蒸汽压力导致水分蒸发较快，也有可能是由于高糖度葡萄汁的放入。

浓缩过程中总酸含量缓慢上升，三批次浓缩结束时的总酸含量相差极差为 2.4g/L，差异显著。同样，在浓缩过程中突出的偏低点，可能与酸含量偏低的新葡萄汁的稀释有关，例如 9.13T7 总酸含量下降，这与该点的总糖含量偏高对应，可能是由于新加入的葡萄汁是高糖低酸。

### （二）挥发性酸变化规律

从图 4-2 可得，挥发性酸含量呈 S 形波动变化，三批次挥发性酸含量为 0.1～0.5g/L，其中 9.7 浓缩样和 9.18 浓缩样从开始的 0.27g/L 和 0.37g/L 上升到浓缩结束冷却时的 0.4g/L 和 0.4g/L，9.13 浓缩样从开始的 0.33g/L 下降到结束时的 0.2g/L。

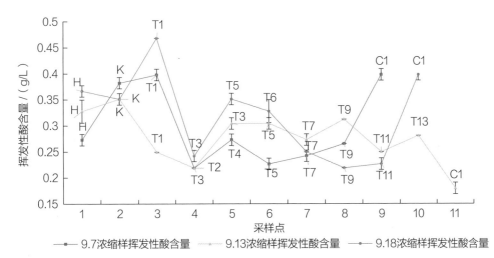

图 4-2　浓缩过程挥发性酸含量变化

注：H 指自流汁和压榨汁的混合汁；K 为混合汁开锅时刻；T1～T13 是开锅后间隔 0.5h（连续数之间）或 1h（间隔 1 个数之间）；C1 是冷却汁。

## （三）总酚变化规律

从图 4-3 可得，浓缩过程中总酚含量呈上升趋势，且增长明显，其中从开始浓缩到开锅对总酚含量影响明显，原因可能是浓缩过程使总酚得到浓缩。温度在 15~75℃时，随着加热温度升高，葡萄汁色素含量直线上升，超过 75℃时，色素含量不再增加。色素中含有花青素，花青素属于酚类物质，而慕萨莱思浓缩液在浓缩过程中表面温度在 70~85℃，这可能是导致浓缩过程总酚含量增加的原因。三批次浓缩结束时总酚含量极差为 129.8mg/L，9.13 浓缩样总酚含量最低。

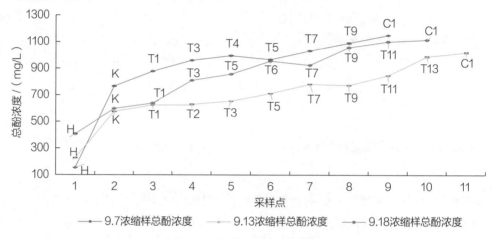

图 4-3　浓缩过程总酚含量变化

注：H 指自流汁和压榨汁的混合汁；K 为混合汁开锅时刻；T1~T13 是开锅后间隔 0.5h（连续数之间）或 1h（间隔 1 个数之间）；C1 是冷却汁。

## （四）褐变度变化规律

从图 4-4 可得，浓缩过程中褐变度呈上升趋势且变化明显，后期褐变度显著增加，三批次浓缩结束时褐变度相差极差为 0.38，9.7 浓缩样最低。浓缩过程使葡萄汁发生褐变反应。葡萄汁在加工的早期，葡萄细胞一经破碎，多酚物质就会发生酶促氧化褐变和非酶促氧化褐变，在浓缩过程中，总酚含量增加，多酚发生氧化，使褐变度增加。

## （五）浊度变化规律

从图 4-5 可得，浓缩过程中浊度呈上升趋势，从混合汁到开锅，浊度变化最明显，开锅以后没有明显变化，三批次浓缩结束时相差不大。9.18 浓缩样从一开始浊度就很高，有可能是由于开始压榨的葡萄汁糖含量高。

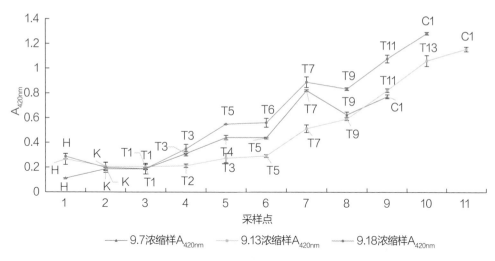

图 4-4　浓缩过程褐变度变化

注：H指自流汁和压榨汁的混合汁；K为混合汁开锅时刻；T1～T13是开锅后间隔0.5h（连续数之间）或1h（间隔1个数之间）；C1是冷却汁。

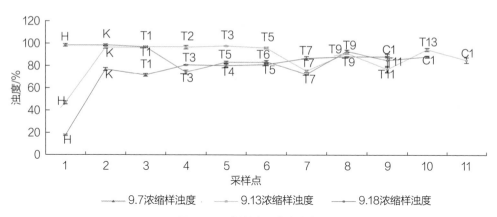

图 4-5　浓缩过程浊度变化

注：H指自流汁和压榨汁的混合汁；K为混合汁开锅时刻；T1～T13是开锅后间隔0.5h（连续数之间）或1h（间隔1个数之间）；C1是冷却汁。

## （六）色度变化规律

从图4-6可得，浓缩过程中 $L^*$（亮度）呈下降趋势，说明浓缩样亮度降低。$a^*$（红和绿）呈上升趋势，从偏绿色（负值）到红色转变。$b^*$（黄和蓝）呈上升趋势，黄色变深。整体来讲，浓缩液色度变化为由青色明亮的葡萄汁逐步变成红褐色（变暗变红变黄）。多酚类物质在浓缩过程中，总酚含量升高，可能使 $L^*$ 值下降。美拉德反应是浓缩果汁在储存过程中色泽变深的原因之一，会生成黑褐色物质，使 $a*$ 值变大。维生素 C 是果汁中主要营养成分之一，极易氧化分解，它可与游离氨基酸反应，生成红色素及黄色素。葡萄汁含有维生素 C，其在浓缩过程中的氧化分解可能使 $a*$、$b*$ 值升高。三批次浓缩结束时，$L*$、$a*$、$b*$ 差值不明显。

从图 4-7 可得，在浓缩过程中，随着浓缩时间的延长，色度在一直发生变化，色差呈上升趋势，说明色度变化明显。

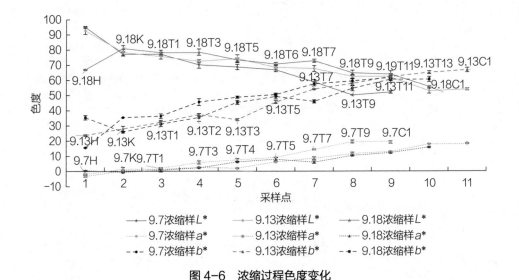

**图 4-6　浓缩过程色度变化**

注：H 指自流汁和压榨汁的混合汁；K 为混合汁开锅时刻；T1~T13 是开锅后间隔 0.5h（连续数之间）或 1h（间隔 1 个数之间）；C1 是冷却汁。

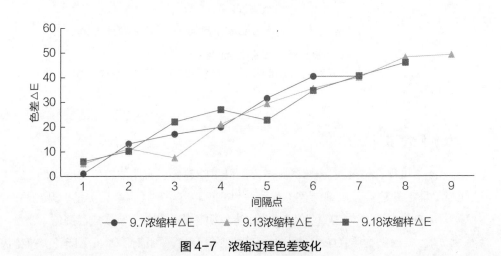

**图 4-7　浓缩过程色差变化**

## （七）葡萄糖、果糖变化规律

从图 4-8 可得，9.13 浓缩样果糖和葡萄糖的浓度逐渐上升，果糖浓度变化没有葡萄糖明显。

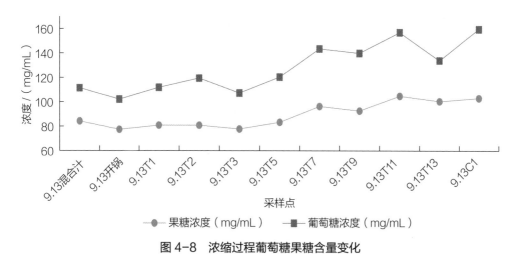

图 4-8　浓缩过程葡萄糖果糖含量变化

注：T1~T13 是开锅后间隔 0.5h（连续数之间）或 1h（间隔 1 个数之间）；C1 是冷却汁。

## （八）和田红葡萄及其浓缩汁氨基酸含量

采用高效液相色谱法对和田红葡萄原汁及不同熬煮程度的和田红葡萄浓缩汁中17 种游离氨基酸含量进行分析（表 4-1）。和田红葡萄浓缩汁中大部分氨基酸含量远高于原汁，随浓缩过程的进行，氨基酸总量也逐渐增加。但随着浓缩度增加，天冬氨酸、谷氨酸、甘氨酸、甲硫氨酸的含量有所降低。在含量减少的氨基酸中，甘氨酸的变化趋势极为明显，原汁中甘氨酸的含量为 22.76mg/L，发酵液中（30° Bx）为 6.83mg/L。当糖度达到 26° Bx 后，丝氨酸、谷氨酸和甲硫氨酸含量有所下降，这可能是因为随着糖度的升高，美拉德反应加剧，消耗了更多氨基酸。甲硫氨酸和半胱氨酸是含硫氨基酸，也是发酵过程中 $H_2S$ 的形成底物，和田红葡萄浓缩汁甲硫氨酸和半胱氨酸含量极低，因此能在一定程度上降低 $H_2S$ 的合成，提高酒的品质。氨基酸总量反映出，浓缩葡萄汁中氨基酸总量明显增加，10° Bx 的葡萄汁浓缩至26° Bx，氨基酸总量增加 1 倍，浓缩至 30° Bx，氨基酸总量增加 2 倍，这保障了微生物自然发酵达到丰富的氮素水平，不用额外添加酵母营养物，慕萨莱思均能够顺利自然启动发酵。

表 4-1　和田红葡萄原汁及不同熬煮程度的和田红葡萄浓缩汁中
17 种游离氨基酸的含量（mg/L）

| 氨基酸 | 和田红葡萄原汁 | 和田红葡萄浓缩汁 | | | |
|---|---|---|---|---|---|
| | 10° Bx | 11° Bx | 21° Bx | 26° Bx | 30° Bx |
| 天冬氨酸 Asp | 8.86 | 14.63 | 12.85 | 11.96 | 8.28 |
| 丝氨酸 Ser | 17.57 | 30.15 | 35.82 | 38.66 | 35.95 |
| 谷氨酸 Glu | 29.01 | 30.79 | 44.48 | 51.33 | 46.67 |
| 甘氨酸 Gly | 22.76 | 11.00 | 11.09 | 11.01 | 6.83 |
| 组氨酸 His | 15.01 | 24.08 | 30.14 | 33.17 | 38.66 |
| 精氨酸 Arg | 138.86 | 269.00 | 389.16 | 449.25 | 652.27 |
| 苏氨酸 Thr | 14.06 | 22.53 | 28.42 | 31.37 | 41.03 |
| 丙氨酸 Ala | 34.40 | 37.90 | 39.83 | 40.80 | 43.28 |
| 脯氨酸 Pro | 284.68 | 435.10 | 649.67 | 756.98 | 996.83 |
| 半胱氨酸 Cys | ND | ND | ND | ND | ND |
| 酪氨酸 Tyr | 23.53 | 17.71 | 18.13 | 18.34 | 19.20 |
| 缬氨酸 Val | 12.34 | 21.05 | 23.89 | 25.30 | 29.72 |
| 甲硫氨酸 Met | 2.96 | 3.74 | 4.01 | 4.15 | 3.16 |
| 赖氨酸 Lys | 92.76 | 95.81 | 97.40 | 98.20 | 105.58 |
| 异亮氨酸 Ile | 9.50 | 14.57 | 17.13 | 18.41 | 21.17 |
| 亮氨酸 Leu | 14.87 | 23.84 | 28.97 | 31.54 | 39.40 |
| 苯丙氨酸 Phe | 15.88 | 27.47 | 38.99 | 44.75 | 60.47 |
| 总量 | 737.05 | 1079.37 | 1469.98 | 1665.22 | 2148.50 |

注：ND 表示未检出。

# 三、酒精发酵及后熟过程中理化变化规律

## （一）酒精发酵与后熟过程中总糖、总酸变化规律

将 2~4 个不同批次的浓缩冷却后的葡萄汁打入同一个 30t 或 20t 的发酵罐中进行发酵，批次之间的加入时间间隔为 1~2d。从图 4-9 可得，慕萨莱思发酵过程中总

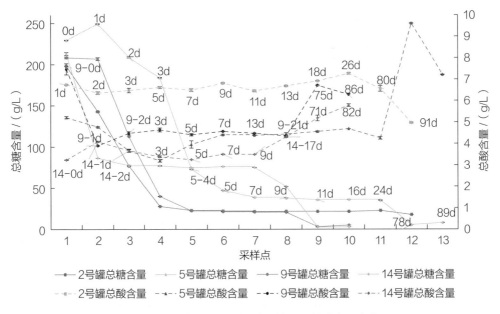

图4-9　酒精发酵及后熟过程总糖、总酸含量变化

糖含量随发酵时间的延长而降低，发酵前3~4d，总糖含量迅速下降，然后呈趋于平缓的趋势略有下降，直到后熟过程中的总糖含量达到每升十几克，这是因为发酵前期酵母菌迅速繁殖与酒精转化，后熟过程中残糖被微生物缓慢消耗至稳定水平。不同罐次的降糖速率有差异，可能由于罐体容积大小、起始浓缩液中微生物的种群含量不同等，各罐发酵过程中微生物种群与活力不同，例如14号罐（30t）的2d的降糖速率明显高于其他三罐20t的发酵罐的降糖速率，四批次后熟期总糖含量都很低，且差别不明显，这进一步说明通过后熟进一步降糖，使得酒体达到生物稳定。

　　从图4-9可得，总酸含量的变化为发酵前期先下降，中期及后熟前期缓慢上升，后熟后期具有明显上升和下降趋势，发酵前期下降的原因可能是酒石酸结晶形成盐而沉淀，缓慢上升的原因可能是后熟过程中产生乳酸等有机酸，后熟后期的明显上升可能与细菌感染、乙醇氧化等有关，而明显下降可能与倒罐及酒石沉淀等有关。四批次后熟期总酸含量有差异，最大值为5号罐7.2g/L，最小值为2号罐5.0g/L。

## （二）酒精发酵与后熟过程中挥发性酸变化规律

　　由图4-10可得，挥发性酸含量呈上升趋势，整体变化与总酸变化相近，即先下降，然后趋于平稳，后熟期都有上升或是上升后再下降的趋势，挥发性酸浓度为0.09~1.04g/L。2号罐和5号罐挥发性酸含量变化小，9号罐和14号罐挥发性酸含

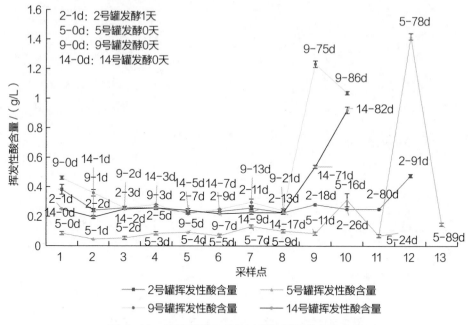

图 4-10  酒精发酵及后熟过程挥发性酸含量变化

量变化大。后熟期挥发性酸变化明显，可能是因为细菌感染使挥发性酸含量升高，也可能是因为乙醇氧化或是乳酸发酵，所以后熟期是挥发性酸重点控制阶段，要注意卫生防护。

### （三）酒精发酵与后熟过程中总酚变化规律

从图 4-11 可得，总酚含量在反复升降过程中逐渐减少，即呈 S 形变化趋势，5 号罐下降较为明显，降幅为 842mg/L，2 号罐最不明显，降幅仅为 49mg/L，其余 2 个罐降幅在 200mg/L 左右，总酚含量变化较为明显。总酚含量下降可能是因为发酵过程中酵母菌酵母细胞壁吸附作用。四批次后熟期总酚含量最大值为 2 号罐 1035mg/L，最小值为 5 号罐 798mg/L，9 号罐和 14 号罐相差不大。总体来看，四批次总酚含量差异显著。

### （四）酒精发酵与后熟过程中酒精度变化规律

从图 4-12 可得，发酵过程酒精度呈上升趋势，发酵开始前 4 天酒精度明显上升，这是酵母菌快速繁殖的阶段，分解大量的糖而产生酒精，然后就趋于缓慢上升阶段，最后一次采样出现酒精度略有下降的现象，原因可能与陈酿过程中自然挥发与氧化等有关，也有可能与倒罐有关。后熟期四批次酒精度在 11% ~ 14%vol。

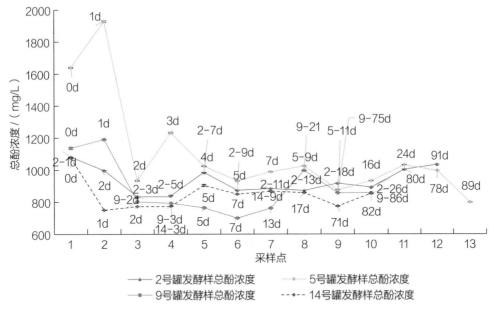

图4-11　酒精发酵及后熟过程总酚含量变化

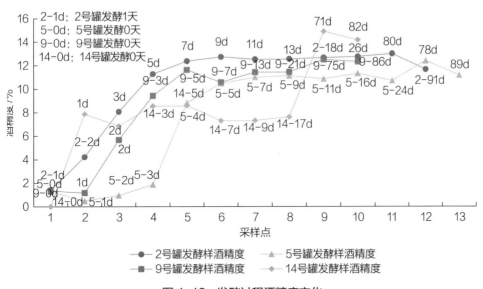

图4-12　发酵过程酒精度变化

## （五）酒精发酵与后熟过程中褐变度变化规律

从图4-13可得，褐变度（$A_{420nm}$）在发酵前2天显著下降，之后在发酵前期（前5d内）缓慢下降，下降原因可能是葡萄汁浓缩过程中，美拉德反应产物被酵母菌吸

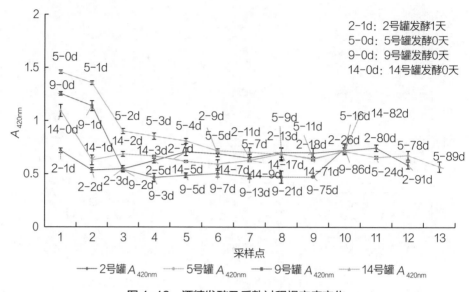

图 4-13　酒精发酵及后熟过程褐变度变化

附。在发酵中后期、成熟期及陈酿期，褐变度维持不变，直至陈酿 3 个月之后，褐变度明显下降，这可能与自然澄清有关。

## （六）酒精发酵与后熟过程中浊度变化规律

从图 4-14 可得，浊度出现反复升降，最终浊度降低，即出现 S 形变化趋势，且浊度变化明显，这说明随着发酵及后熟时间的延长慕萨莱思可以慢慢澄清。浊度降低

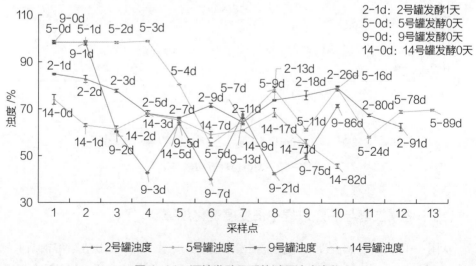

图 4-14　酒精发酵及后熟过程浊度变化

的原因可能是随着发酵与后熟过程时间的延长，蛋白质、酚类等物质发生聚合，形成大分子物质，随着时间延长而自然沉淀，也可能是酒石酸盐结晶析出。后熟期四批次浊度相差很大，最大值为 9 号罐的 71.4%，最小值为 14 号罐的 45.8%。

### （七）酒精发酵与后熟过程中色度及色差变化规律

从图 4-15 中可得，$L^*$（亮度）呈上升趋势，且发酵开始前 2~3 天亮度明显上升。$a^*$（红和绿）呈下降趋势，说明红色在慢慢变浅，且发酵开始前 2 天变化明显。$b^*$（黄和蓝）在发酵过程中呈 S 形变化。整体来看，样品逐渐变得明亮且红褐色慢慢变浅呈黄褐色或棕黄色。总酚含量减少可能使透明度变大，即可能使 $L^*$ 值变大。发酵过程中总糖含量降低，美拉德反应减少，生成的褐变产物减少，可能使 $a^*$ 值下降。四批次在后熟期 $L^*$、$a^*$、$b^*$ 相差不大。

从图 4-16 可得，色差在不同批次间呈不同变化趋势，可能是不断上升，缓慢上升，也可能是缓慢下降再缓慢上升，说明色差在不同批次间的变化不稳定。

### （八）酒精发酵与后熟过程中葡萄糖、果糖变化规律

从图 4-17 可得，9 号罐中葡萄糖和果糖含量均呈下降趋势，发酵第 3 天，葡萄糖已经完全消耗，果糖从发酵第 1 天到第 5 天消耗速度快，随着发酵时间的延长，果糖含量呈缓慢下降趋势，直至消耗完。酵母菌在发酵过程中以葡萄糖作为第一碳源，所以葡萄糖消耗很快，然后再以果糖为碳源进行发酵。

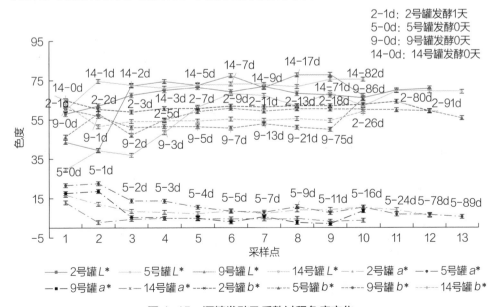

图 4-15　酒精发酵及后熟过程色度变化

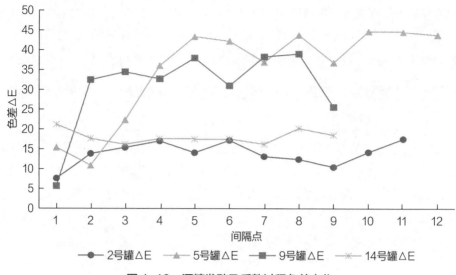

图 4-16　酒精发酵及后熟过程色差变化

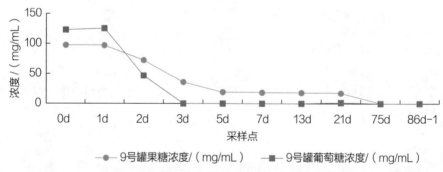

图 4-17　酒精发酵及后熟过程葡萄糖、果糖含量变化

## 四、后储过程样理化变化规律

　　由图 4-18 可知，后储过程中总糖含量变化不大，为 2.9 ~ 7.4g/L，总酸含量变化不大，为 4.7 ~ 8.4g/L。但是随着时间的延长，总酸含量略有增加，同一后储期，不同罐体之间总酸含量不同。挥发性酸含量变化不大但含量偏高，三次平均值分别为 0.8g/L、1.2g/L、1.1g/L，同一后储期不同罐体之间挥发性酸含量不同。总酚含量随时间的延长而下降，从后储 3 个月的 600mg/L 降至后储 6 个月的 536mg/L。酒精度稳定，在 11.5% vol 左右，但同一后储期不同罐体之间酒精度不同。

　　由图 4-19 可知，褐变度略有降低，浊度增至 82%，$L*$ 变化不大，说明后储对慕萨莱思亮度影响不大。后储 5 个月的 $a*$ 比后储 3 个月的有所下降，说明红度变浅；

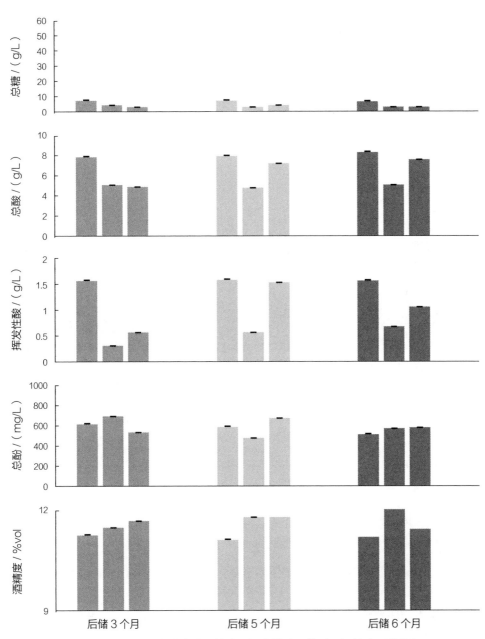

图 4-18　后储样总糖、总酸、挥发性酸、总酚、酒精度理化指标

后储 6 个月的 $a*$ 比后储 5 个月的有所增加，说明红度变深，反映倒罐对红度有所影响，且同一后储期不同罐体之间红度不同。后储过程中 $b*$ 的变化较小，说明慕萨莱思的黄度在后储期一直保持稳定。

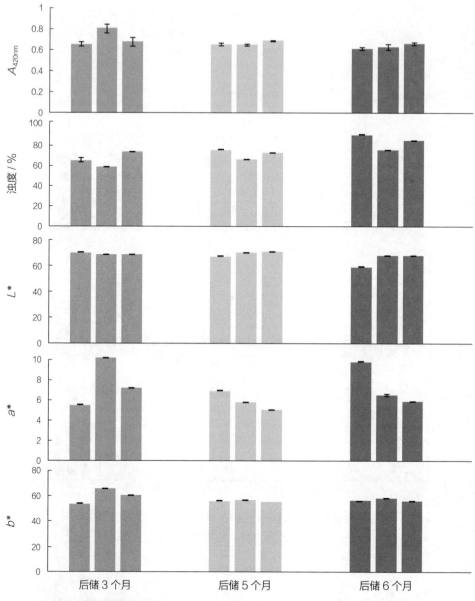

图 4-19　后储样褐变度（$A_{420mm}$）、浊度、色度（$L^*$、$a^*$、$b^*$）理化指标

## 五、酿制过程理化指标变化显著性

　　浓缩过程样、发酵过程样、后熟过程样及后储过程样在不同批次、不同时间上理化指标的显著性分析见表 4-2。

表4-2 酿制过程理化指标显著性分析（*P*值）

| 酿制过程 | | 总糖 | 总酸 | 挥发性酸 | 总酚 | 褐变度 | 浊度 | *L** | *a** | *b** | 酒精度 |
|---|---|---|---|---|---|---|---|---|---|---|---|
| 浓缩批次 | | 0.18 | 0.00 | 0.14 | 0.05 | 0.36 | 0.83 | 0.69 | 0.82 | 0.59 | — |
| 浓缩过程 | | 0.01 | 0.01 | 0.00 | 0.00 | 0.00 | 0.04 | 0.00 | 0.00 | 0.00 | — |
| 发酵罐次 | | 0.45 | 0.00 | 0.00 | 0.00 | 0.00 | 0.00 | 0.00 | 0.00 | 0.01 | 0.49 |
| 发酵过程 | | 0.00 | 0.00 | 0.00 | 0.00 | 0.00 | 0.00 | 0.00 | 0.00 | 0.03 | 0.00 |
| 后熟罐次 | | 0.35 | 0.31 | 0.13 | 0.00 | 0.02 | 0.01 | 0.00 | 0.01 | 0.06 | 0.65 |
| 后熟过程 | | 0.00 | 0.00 | 0.00 | 0.04 | 0.34 | 0.48 | 0.27 | 0.50 | 0.04 | — |
| 后储罐次 | 3个月 | 0.00 | 0.00 | 0.00 | 0.90 | 0.05 | 0.00 | 0.32 | 0.00 | 0.00 | |
| | 5个月 | 0.00 | 0.00 | 0.00 | 0.44 | 0.08 | 0.00 | 0.00 | 0.00 | 0.00 | |
| | 6个月 | 0.00 | 0.00 | 0.00 | 0.12 | 0.13 | 0.00 | 0.00 | 0.00 | 0.00 | |
| 后储过程 | | 0.90 | 0.45 | 0.39 | 0.86 | 0.05 | 0.00 | 0.02 | 0.21 | 0.10 | 0.93 |

全部所测理化指标在浓缩过程和发酵过程变化显著，说明浓缩与发酵过程对这些理化指标均有显著影响，其直接原因与浓缩过程中的热反应和发酵过程中生物转化有关；后熟过程对总糖、总酸、总酚、挥发性酸、黄蓝度有显著影响，这与在此期间微生物对底物的影响有关，如糖的缓慢生物转化，发酵过程代谢产物的二次转化等，而对褐变度、浊度、亮度与红绿度影响不显著；相反，后储过程对总糖、总酸、总酚、挥发性酸、褐变度无显著影响，而对色度有显著影响，说明通过发酵与后熟期，酒体转入生物稳定阶段，而色泽由于成色物质自身的聚合、氧化反应等而处于不稳定期。

除了总酸在浓缩批次之间具有显著变化，其余指标均无显著变化，说明浓缩过程对葡萄汁具有均质效应，进一步证明慕萨莱思品质不过分依赖于原料品质。糖度和酒精度在发酵罐次之间无显著差异，而其他指标均存在显著差异，说明不同发酵罐中酵母菌的酒精转化程度无显著差异，但影响慕萨莱思的外观与风味特征的其他质变均存在显著影响，由此可得，不同罐次的发酵可能是造成慕萨莱思品质差异性的重要原因。后熟罐次对总糖、总酸、挥发性酸及酒精度均无显著影响，但对褐变度、总酚及色度具有显著影响，说明不同罐次对后熟过程中的生物继续转化无显著差异，而对影响外观特征及可能的香气特征（如褐变反应）的物质存在显著变化，可能与溶解氧由生物消耗转化为非生物消耗有关。后储罐次和时间对总酚和褐变度无显著影响，说明二者进入稳定状态，而其余指标在后储罐次之间具有显著差异，可能与酒体初始的糖酸、色度等相关指标的差异性及后储中倒罐有关。

综上所述，总糖和酒精度可作为浓缩终止、酒精发酵结束、后熟稳定期的判断指标，挥发性酸、总酚、褐变度、色度均可作为浓缩、发酵、后熟过程的控制指标，不同阶段可以针对对应的主要反应选用，例如浓缩阶段选用褐变度，而发酵阶段选用挥发性酸，或几个指标结合应用。色度为后储过程的控制指标。

## 六、浓缩过程和发酵过程变化关键点的初步设置

由表4-2分析得到，所有理化指标在浓缩和发酵过程变化均显著，对其变化的突出点做进一步对比分析，找出各类指标主要变化阶段及可能的关键变化点。

### （一）浓缩过程变化关键点的初步设置

通过浓缩过程中各理化指标的变化趋势（图4-1至图4-8），找出突出拐点，同时考虑，混合汁（H）开锅（K）冷却（C）形成表4-3。对比不同批次、不同指标之间的拐点，筛选出频次高的拐点 T5（开锅后浓缩2.5h）和 T9（开锅后浓缩4.5h）为节点，将浓缩过程划分3个阶段，浓缩前2.5h，浓缩中2.5~4.5h，及4.5h到冷却的浓缩后阶段。考察各阶段中的理化指标变化显著性，T5~T9时间和T9~C1时间理化指标变化不显著。T1~T5不同批次间总酸、总酚、浊度差异性显著，$a*$ 和 $b*$ 在时间上差异性显著。T5~T9不同批次间总酚差异性显著。T9~C1不同批次间总酸和总酚差异性显著。所以，根据差异显著性可以将总酸、总酚、浊度作为浓缩前段的主要控制指标，将总酚作为浓缩中段的主要控制指标，将总酸作为浓缩后段的主要控制指标。总糖在整个熬煮过程中的变化显著，在各批次无显著变化，由此将总糖作为起始和浓缩终止的关键控制指标。

表4-3　浓缩样三个批次理化指标主要变化拐点

| 批次 | 理化指标 | 关键变化点 |
|---|---|---|
| 9.7浓缩样 | 总糖 | H、K、T1、T5、T9、C |
| | 总酸 | H、K、T3、T4、T5、T9、C |
| | 挥发性酸 | H、K、T1、T3、T4、T5、T9、C |
| | 总酚 | H、K、T4、T5、C |
| | 褐变度 | H、K、T4、T5、T7、T9、C |
| | 浊度 | H、K、T1、T3、T5、C |

续表

| 批次 | 理化指标 | 关键变化点 |
|---|---|---|
| 9.7 浓缩样 | L* | H、K、T1、T3、T5、T9、C |
| | a* | H、K、T1、T5、T9、C |
| | b* | H、K、T1、T5、T7、C |
| 9.13 浓缩样 | 总糖 | H、K、T5、T7、T9、T13、C |
| | 总酸 | H、K、T2、T5、T7、T9、C |
| | 挥发性酸 | H、K、T2、T3、T7、T9、T13、C |
| | 总酚 | H、K、T7、T9、T13、C |
| | 褐变度 | H、K、T5、T9、T13、C |
| | 浊度 | H、K、T5、T7、T9、T11、T13、C |
| | L* | H、K、T2、T3、T5、T7、T9、T11、T13、C |
| | a* | H、K、T2、T3、T11、T13、C |
| | b* | H、K、T2、T3、T7、C |
| | 葡萄糖 | H、K、T3、T7、T9、T11、T13、C |
| | 果糖 | H、K、T3、T7、T9、T11、T13、C |
| 9.18 浓缩样 | 总糖 | H、K、T3、T5、T9、C |
| | 总酸 | H、K、T1、T5、T9、T11、C |
| | 挥发性酸 | H、K、T1、T3、T5、T7、T11、C |
| | 总酚 | H、K、T1、T3、T6、T7、C |
| | 褐变度 | H、K、T5、T6、T7、T9、C |
| | 浊度 | H、K、T1、T3、T5、T6、T7、T9、T11、C |
| | L* | H、K、T3、T5、T6、T7、T9、T11、C |
| | a* | H、K、T6、T7、T9、C |
| | b* | H、K、T5、T6、T7、T11、C |

注：H：混合汁；K：开锅；T：时间；C：冷却 1 小时。

## （二）发酵过程变化关键点的初步设置

同样，通过发酵过程中各理化指标的变化趋势（图 4-9 至图 4-17），找出突出拐点，同时考虑起始发酵液（0d），形成表 4-4。对比不同发酵罐次、不同指标之间的拐点，筛选出频次高的拐点：1d、3d、5d 和 7d。进一步证明整个发酵过程各理化指标处于显著变化（表 4-2）。结合上述内容分析，可将酒精度作为发酵过程终了的判断，而其余指标可作为控制指标进行动态检测与控制。

表 4-4　发酵样四批次理化指标主要变化拐点

| 批次 | 理化指标 | 关键变化点 |
|---|---|---|
| 2 号罐发酵样 | 总糖 | 1d、5d |
| | 总酸 | 1d、7d、9d |
| | 挥发性酸 | 1d、2d、7d |
| | 总酚 | 1d、3d、7d |
| | 酒精度 | 1d、5d |
| | 褐变度 | 1d、2d、7d |
| | 浊度 | 1d、5d、7d、9d |
| | $L*$ | 1d、7d、9d |
| | $a*$ | 1d、3d、9d |
| | $b*$ | 1d、2d、3d |
| 5 号罐发酵样 | 总糖 | 0d、1d、3d、4d、5d |
| | 总酸 | 0d、3d、5d |
| | 挥发性酸 | 0d、1d、7d、9d |
| | 总酚 | 0d、1d、2d、3d、5d、9d |
| | 酒精度 | 0d、3d、4d、5d |
| | 褐变度 | 0d、1d、2d、5d、9d |
| | 浊度 | 0d、3d、5d、9d |
| | $L*$ | 0d、1d、2d、9d |

续表

| 批次 | 理化指标 | 关键变化点 |
|---|---|---|
| 5 号罐发酵样 | *a** | 0d、1d、2d、3d、7d、9d |
| | *b** | 0d、1d、2d、7d |
| 9 号罐发酵样 | 总糖 | 0d、1d、3d、5d |
| | 总酸 | 0d、1d、5d、7d |
| | 挥发性酸 | 0d、2d、5d |
| | 总酚 | 0d、1d、2d、7d |
| | 酒精度 | 0d、1d、5d、7d |
| | 褐变度 | 0d、1d、2d、3d |
| | 浊度 | 0d、1d、3d、5d、7d |
| | *L** | 0d、1d、2d、3d、5d、7d |
| | *a** | 0d、1d、2d、7d |
| | *b** | 0d、2d、7d |
| | 葡萄糖 | 0d、1d、3d |
| | 果糖 | 0d、1d、5d |
| 14 号罐发酵样 | 总糖 | 0d、1d、9d |
| | 总酸 | 0d、1d、5d、7d、9d |
| | 挥发性酸 | 0d、1d、5d |
| | 总酚 | 0d、1d、3d、5d、7d |
| | 酒精度 | 0d、1d、2d、3d、5d、7d |
| | 褐变度 | 0d、1d、7d、9d |
| | 浊度 | 0d、2d、3d、7d |
| | *L** | 0d、1d、3d |
| | *a** | 0d、1d |
| | *b** | 0d、1d、2d |

## 七、总结

将过程样品进行拉曼光谱、紫外光谱聚类分析，筛选代表样品具有可行性，其中拉曼光谱聚类分成的小类比紫外可见聚类要多，这对于过程样品的筛选很重要，不会因为分得不细致而导致关键采样点的遗漏。

浓缩过程中总糖、总酸、总酚、葡萄糖、果糖含量和褐变度、浊度，以及色度中的 $a*$、$b*$ 呈显著增长趋势，其中总酚含量变化最为明显，挥发性酸呈 S 形变化，褐变度（$A_{420nm}$）从 0.2 上升到 1.2，浊度在开锅时达到最大，$b*$ 从负值（蓝度）增加到正值（黄度），表示浓缩过程黄度增加，$L*$ 明显下降且降幅较大。和田红葡萄汁浓缩过程中，氨基酸总量明显增加，浓缩至 26° Bx，氨基酸总量增加 1 倍，浓缩至 30° Bx，氨基酸总量增加 2 倍，保障了微生物自然发酵达到的氮素水平，使慕萨莱思能够顺利自然启动发酵。随着葡萄汁浓缩度增加，天冬氨酸、谷氨酸、甘氨酸、甲硫氨酸的含量有所降低，为慕萨莱思独特风味形成奠定了基础。

发酵及后熟过程中总糖、葡萄糖、果糖、总酚含量及褐变度和 $a*$ 呈下降趋势，总糖含量在发酵前 3~4d 迅速下降，总酚含量降幅显著，褐变度在发酵前 2~3d 下降明显。酒精度、挥发性酸和 $L*$ 呈上升趋势，酒精度在发酵前 4~5d 上升迅速，挥发性酸含量在发酵过程中变化缓慢，后熟期呈明显上升趋势。总酸和 $b*$ 呈 S 形变化。

后储过程中总糖、总酸、挥发性酸、酒精度、$L*$ 和 $b*$ 的变化不显著，总酚含量和褐变度下降，浊度增加，$a*$ 呈增加趋势。

总糖和酒精度可作为浓缩终了、酒精发酵结束、后熟稳定期的判断指标，挥发性酸、总酚、褐变度、色度均可作为浓缩、发酵、后熟过程的控制指标，不同阶段可以针对对应的主要反应选用。色度为后储过程的控制指标。

将浓缩过程划分三个阶段，浓缩前 2.5h，浓缩中 2.5~4.5h，4.5h 到冷却的浓缩后阶段，将总酸、总酚和浊度作为浓缩前段的主要控制指标，将总酚作为浓缩中段的主要控制指标，将总酸作为浓缩后段的主要控制指标，将总糖作为起始和浓缩终止的关键控制指标。

发酵过程中各理化指标变化显著，其各理化指标突出变化的拐点为 1d、3d、5d 和 7d。将酒精度作为发酵过程终了的判断，其余指标作为控制指标进行动态检测与控制。

# 第五章

## 慕萨莱思加工过程中非酶促褐变规律

## 一、概述

非酶促褐变（NEB）是引起食品加工与储藏中颜色变化的重要原因之一。非酶促褐变奠定了慕萨莱思的色、香、味及其风格，对慕萨莱思独特品质具有重要贡献。非酶促褐变反应是形成慕萨莱思特有色泽的原因，对其科学调控，可改善慕萨莱思色泽，降低营养损失，增加产品稳定性，延长保质期，提高产品的经济价值。

## 二、慕萨莱思加工过程中的非酶促褐变规律

采集慕萨莱思加工过程样品，分析 $L*$、$a*$、$b*$、非酶促褐变度（$A_{420nm}$）、美拉德反应中间产物（$A_{294nm}$）、褐变指数（BI）、彩度（$C*$）、色相角（$H°$）、白色指数（WI）和黄色指数（YI）与总糖、总酚、氨基酸和抗坏血酸（即维生素 C，Vc）的相关性及动力学关系。

### （一）非酶促褐变与主要褐变底物相关性分析

由表 5-1 可以看出，在慕萨莱思加工过程中，各色泽指标与总糖、总酚具有较高的相关系数，且成极显著性相关。在浓缩过程中，各色泽指标与总糖、总酚成极显著和显著相关性，且相关系数较大，与 $A_{420nm}$ 具有极显著性正相关，说明总糖和总酚在浓缩过程中对色泽变化贡献较大。在发酵过程中，总糖（除 $b*$）和总酚含量（除 $A_{294nm}$）与色泽指标成极显著性相关性，总氨基酸与 $A_{420nm}$、$b*$ 和 $a*$ 具有极显著性正相关，说明总糖、总酚及总氨基酸含量的减少对色泽的降低、红黄色素的减少和美拉德反应的减弱具有一定作用。总酸的变化对整个加工过程的色泽变化影响较小。综上所述，总糖、总酚可以作为整个加工过程的主要非酶促褐变底物。

表 5-1　非酶促褐变主要底物与各色泽指标之间的 Pearson 相关

| 指标 | 浓缩阶段色泽指标 | | | | | | | | | |
|---|---|---|---|---|---|---|---|---|---|---|
| | $L*$ | $a*$ | $b*$ | BI | YI | WI | $C*$ | $H°$ | $A_{420nm}$ | $A_{294nm}$ |
| 总糖 | −0.747** | 0.768** | 0.848** | 0.727** | 0.796** | −0.824** | 0.844** | −0.802** | 0.778** | 0.396** |
| 总酸 | −0.354 | 0.332 | 0.249 | 0.323 | 0.316 | −0.293 | 0.258 | −0.313 | 0.040 | 0.021 |
| 总酚 | −0.825** | 0.788** | 0.816** | 0.695** | 0.786** | −0.828** | 0.815** | −0.881** | 0.808** | 0.520* |
| 总氨基酸 | −0.343 | 0.454 | 0.336 | 0.334 | 0.305 | −0.175 | 0.212 | −0.235 | 0.426 | 0.155 |
| Vc | 0.035 | −0.021 | 0.246 | −0.155 | −0.072 | 0.032 | −0.021 | 0.121 | 0.016 | 0.286 |

续表

| 指标 | 发酵阶段色泽指标 | | | | | | | | | |
|---|---|---|---|---|---|---|---|---|---|---|
| | $L^*$ | $a^*$ | $b^*$ | BI | YI | WI | $C^*$ | $H°$ | $A_{420nm}$ | $A_{294nm}$ |
| 总酸 | 0.181 | −0.069 | 0.272 | −0.078 | −0.054 | −0.015 | 0.233 | 0.107 | −0.037 | −0.015 |
| 总酚 | −0.802** | 0.822** | 0.339* | 0.877** | 0.818** | −0.735** | 0.473** | −0.824** | 0.741** | −0.159 |
| 总氨基酸 | −0.206 | 0.757** | 0.804** | 0.368 | 0.474 | −0.06 | 0.424 | −0.293 | 0.684** | −0.331 |
| Vc | 0.000 | 0.000 | 0.000 | 0.000 | 0.000 | 0.000 | 0.000 | 0.000 | 0.000 | 0.000 |

注：**，在 0.01 水平（双侧）显著相关；*，在 0.05 水平（双侧）显著相关。

## （二）慕萨莱思非酶促褐变指标的确定

### 1. 色泽指标与总糖和总酚的动力学关系

由动力学系数 K 的正负及级别判断（表 5-2），在慕萨莱思加工过程中，随着总糖浓度增加，$L^*$、$H°$、WI 与其成负向零级动力学关系，即随总糖含量的增加而线性减小。$a^*$、$b^*$、$C^*$ 与总糖成正向零级动力学关系，即随总糖含量增加而增加，BI、YI 与总糖成正向一级动力学关系，随其增加呈指数性增加。同理，随着发酵总糖浓度减小，$L^*$、$H°$、WI 与总糖成负向零级动力学关系，即随糖度减小而线性增加，相反，$a^*$、$b^*$、$C^*$ 与总糖成正向零级动力学关系，即随糖度下降而线性减小。BI、YI 与总糖成正向一级动力学关系，即随糖度下降而指数性下降。综上所述，总糖对 BI 和 YI 影响程度成指数级动力学关系，而与其他色泽指标成线性动力学关系，在分析总糖对慕萨莱思加工过程中非酶促褐变的影响程度的大小时，可以通过 BI 和 YI 指标进行判断。

表 5-2　慕萨莱思酿制过程中各色泽指标与总糖的动力学模型

| 色泽指标 | 浓缩阶段 | | | | | |
|---|---|---|---|---|---|---|
| | $K_0$ 或 $K_1$ | | | $R^2$ | | |
| | 9.7 | 9.13 | 9.18 | 9.7 | 9.13 | 9.18 |
| $L^*$ | −0.676 | −0.386 | −0.489 | 0.899 | 0.871 | 0.925 |
| $a^*$ | 0.316 | 0.265 | 0.405 | 0.725 | 0.956 | 0.772 |
| $b^*$ | 0.742 | 0.550 | 0.858 | 0.952 | 0.919 | 0.740 |

续表

| 色泽指标 | 浓缩阶段 | | | | | |
|---|---|---|---|---|---|---|
| | $K_0$ 或 $K_1$ | | | $R^2$ | | |
| | 9.7 | 9.13 | 9.18 | 9.7 | 9.13 | 9.18 |
| BI | 0.048* | 0.030* | 0.046* | 0.971 | 0.968 | 0.966 |
| $H^o$ | −0.386 | −0.228 | −0.394 | 0.918 | 0.870 | 0.843 |
| YI | 0.033* | 0.017* | 0.011* | 0.978 | 0.892 | 0.560 |
| WI | −1.021 | −0.696 | −1.036 | 0.927 | 0.929 | 0.717 |
| $C^*$ | 0.781 | 0.583 | 0.895 | 0.941 | 0.928 | 0.738 |

| 色泽指标 | 发酵阶段 | | | | | |
|---|---|---|---|---|---|---|
| | 2号发酵罐 | 5号发酵罐 | 9号发酵罐 | 2号发酵罐 | 5号发酵罐 | 9号发酵罐 |
| $L^*$ | −0.099 | −0.139 | −0.125 | 0.952 | 0.901 | 0.836 |
| $a^*$ | 0.065 | 0.070 | 0.062 | 0.891 | 0.824 | 0.805 |
| $b^*$ | 0.045 | −0.023 | 0.074 | 0.736 | 0.866 | 0.666 |
| BI | 0.005* | 0.005* | 0.005* | 0.922 | 0.790 | 0.728 |
| $H^o$ | −0.059 | −0.067 | −0.058 | 0.976 | 0.833 | 0.840 |
| YI | 0.002* | 0.002* | 0.004* | 0.934 | 0.857 | 0.796 |
| WI | −0.086 | −0.088 | −0.145 | 0.807 | 0.844 | 0.787 |
| $C^*$ | 0.056 | 0.007 | 0.099 | 0.763 | 0.059 | 0.736 |

注：*代表符合一级动力学模型，未做标记的符合零级动力学模型。$K_0$、$K_1$ 为动力学常数，$R^2$ 为相关系数。

由动力学系数 K 的正负及级别判断（表5-3），随着总酚浓度增加，$L^*$、$H^o$、WI 与其成负向零级动力学关系，即随二者的增加而线性减小；$a^*$ 与总酚成正向零级动力学关系，即随总酚含量增加而增加；BI、YI、$b^*$ 和 $C^*$ 与总酚含量成正向一级动力学关系，随其增加呈指数性增长。同理，随着发酵总酚浓度减小，$H^o$、WI 与总酚均成负向零级动力学关系，$L^*$ 与总酚成负向一级动力学关系，随总酚含量的减小而线性或指数性增加；相反，$a^*$、$b^*$、$C^*$ 和 YI 与其成正向零级动力学关系，即随其含量的下降而线性减小；BI 与总酚成正向一级动力学关系，即随总酚含量下降而呈指

表 5-3　各色泽指标与总酚含量的动力学模型

| 色泽指标 | 浓缩阶段 | | | | | |
| --- | --- | --- | --- | --- | --- | --- |
| | $K_0$ 或 $K_1$ | | | $R^2$ | | |
| | 9.7 | 9.13 | 9.18 | 9.7 | 9.13 | 9.18 |
| $L^*$ | −0.041 | −0.044 | −0.029 | 0.773 | 0.957 | 0.636 |
| $a^*$ | 0.052 | 0.038 | 0.022 | 0.842 | 0.968 | 0.790 |
| $b^*$ | 0.002* | 0.001* | 0.001* | 0.977 | 0.851 | 0.830 |
| BI | 0.003* | 0.003* | 0.002* | 0.861 | 0.866 | 0.804 |
| $H°$ | −0.024 | −0.026 | −0.021 | 0.805 | 0.942 | 0.819 |
| YI | 0.002* | 0.002* | 0.002* | 0.928 | 0.892 | 0.808 |
| WI | −0.063 | −0.075 | −0.063 | 0.815 | 0.876 | 0.809 |
| $C^*$ | 0.002* | 0.001* | 0.001* | 0.969 | 0.849 | 0.833 |
| 色泽指标 | 发酵阶段 | | | | | |
| | 2 号发酵罐 | 5 号发酵罐 | 9 号发酵罐 | 2 号发酵罐 | 5 号发酵罐 | 9 号发酵罐 |
| $L^*$ | −0.001* | −0.001* | −0.001* | 0.556 | 0.981 | 0.946 |
| $a^*$ | 0.045 | 0.016 | 0.028 | 0.911 | 0.765 | 0.887 |
| $b^*$ | 0.030 | 0.002 | 0.035 | 0.652 | 0.426 | 0.727 |
| BI | 0.003* | 0.001* | 0.003* | 0.617 | 0.703 | 0.949 |
| $H°$ | −0.031 | −0.014 | −0.026 | 0.554 | 0.697 | 0.925 |
| YI | 0.167 | 0.086 | 0.189 | 0.586 | 0.713 | 0.872 |
| WI | −0.054 | −0.019 | −0.064 | 0.583 | 0.717 | 0.881 |
| $C^*$ | 0.036 | 0.005 | 0.045 | 0.643 | 0.637 | 0.847 |

注：*代表符合一级动力学模型，其他符合零级动力学模型。$K_0$、$K_1$ 为动力学常数，$R^2$ 为相关系数。

数性下降。综上所述，浓缩阶段 BI、YI、$b^*$、$C^*$ 和发酵阶段 $L^*$ 和 BI 与总酚含量成一级动力学关系，在分析总酚含量对慕萨莱思加工过程中非酶促褐变的影响程度的大小时，可以根据 BI、YI、$L^*$、$b^*$、$C^*$ 指标进行判断。

## 2. 色泽指标与$A_{420nm}$和$A_{294nm}$的相关性分析

葡萄汁浓缩阶段可根据色泽指标与$A_{420nm}$的相关性强弱，确定可代表褐变度强度的主要色泽指标，由表5-4可知，其较强相关性为：$a^*>\text{YI}>\text{BI}$，而与$A_{294nm}$无显著相关性，说明葡萄汁浓缩阶段非酶促褐变无色中间产物的含量变化对颜色无影响。而发酵过程中与$A_{420nm}$相关性较强的指标为：$C^*>\text{YI}>L^*>\text{BI}$，此四个指标可以描述发酵过程中非酶促褐变的大小，与$A_{294nm}$相关性较强的指标为$a^*$。对比葡萄汁浓缩过程总糖和总酚动力学关系确定出的非酶促褐变指标，可以进一步确定$A_{420nm}$、BI和YI为非酶促褐变的主要指标。由于$a^*$与美拉德反应的强相关性，$a^*$的变化也可以通过非酶促褐变来探讨其影响的主要因素。

表5-4　各色泽指标与$A_{420nm}$及$A_{294nm}$的Pearson相关性

| 色泽指标 | 浓缩阶段 | | 发酵阶段 | |
| --- | --- | --- | --- | --- |
| | $A_{420nm}$ | $A_{294nm}$ | $A_{420nm}$ | $A_{294nm}$ |
| $L^*$ | −0.581 | −0.221 | −0.653** | 0.245 |
| $a^*$ | 0.677** | 0.171 | 0.494 | −0.558** |
| $b^*$ | 0.465 | 0.252 | −0.269 | −0.356 |
| BI | 0.624** | 0.191 | 0.617** | −0.402 |
| YI | 0.647** | 0.097 | 0.659** | −0.367 |
| WI | 0.506 | 0.237 | −0.122 | −0.441 |
| $C^*$ | −0.595 | −0.223 | −0.699** | 0.194 |
| $H°$ | −0.564 | −0.234 | −0.536 | 0.435 |

注：**，在0.01水平（双侧）显著相关；*，在0.05水平（双侧）显著相关。

## （三）慕萨莱思加工过程中非酶促褐变规律

由图5-1可知，浓缩能使葡萄汁的$C^*$、YI、$a^*$、$b^*$、BI值增大，$H°$、$L^*$、WI值减小；酒精发酵结束后$H°$、$L^*$、WI值增大，$C^*$、YI、$a^*$、BI值减小，$b^*$值基本保持不变，即非酶促褐变度在葡萄汁浓缩过程显著增加，而在浓缩葡萄汁发酵过程中显著减小。慕萨莱思加工过程中总体色泽变化表现为：浓缩促使葡萄汁亮度降低，白度下降，黄化加强，且彩度（$C^*$）可超过60达到饱和状态，整体色泽从青亮色转变成红褐色或棕黄色；发酵促使发酵液的亮度增加，彩度、白度增加，黄化减弱，从而酒体颜色从红褐色转变成黄褐色和棕褐色。

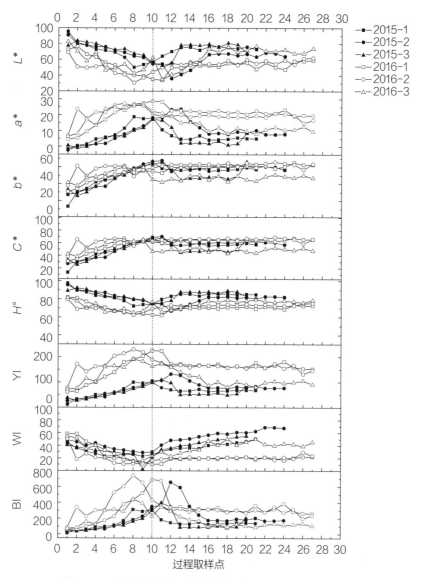

图5-1　主要色泽指标在慕萨莱思加工过程中的变化趋势

注：①2015-1指2015年第一批样品，其他以此类推。②横坐标数字为取样点，2015-1是2015年9.7批次，1是混合汁，2是沸腾汁，3~8是开锅1、3、4、5、7、9小时，9是冷却汁，10~21是5号发酵罐发酵1、2、3、5、7、9、11、13、18、26、80、91天。③2015-2的横坐标是9.13批次，编号同2015-1。④2015-3横坐标是9.18批次，1是混合汁，2是沸腾汁，3~10是开锅1、3、5、6、7、9、11小时和冷却汁，11~20是9号罐发酵0、1、2、3、5、7、13、21、75、86天。⑤2016-1是9.7批次，1~11是原汁、沸腾、开锅1~7小时和冷却汁，12~29是5号罐发酵1、5、6、8、9、10~18、22、29、33、37、51、65、72、95天。⑥2016-2是9.8批次，1~7是开锅1~7小时，8~28是9号罐发酵1~13、16、21、28、36、43、71、94天。⑦2016-3是9.24批次，1~10是原汁、开锅1~6小时、结束汁、放置一夜、混合汁，11~29是11号发酵罐1~13、19、26、47、54、89天。

# 三、慕萨莱思加工过程中主要非酶促褐变类型

## （一）慕萨莱思加工过程中主要非酶促褐变类型判断体系构建

为探讨慕萨莱思酿制过程中具体底物对非酶促褐变的影响，配置成分清晰的各类型模拟汁，进行相关的热浓缩及发酵实验，以观察与检测整个过程中的非酶促褐变情况。

模拟组设置如下：果糖＋葡萄糖＋氨基酸＋酚酸＋Vc＋盐类化合物（G+F+A+P+Vc+S，all）组的葡萄汁模拟配制（每升）方法：110g 葡萄糖，110g 果糖，0.34g 柠檬酸，1.4g DL- 苹果酸，0.1g 抗坏血酸（Vc），750mg $KH_2PO_4$，500mg $KH_2SO_4$，250mg $MGSO_4 \cdot 7H_2O$，155mg $CaCl_2 \cdot 2H_2O$，200mg NaCl，8mg $MnSO_4 \cdot H_2O$，8mg $ZnSO_4$，2mg $CuSO_4 \cdot 5H_2O$，2mg KI，0.8mg $CoCl_2 \cdot 6H_2O$，2mg $H_3BO_3$，2mg $NaMoO_4 \cdot 2H_2O$。氮源的组成（wt/wt）：2.51% 铵态氮（$NH_4Cl$），33.42% L- 脯氨酸，2.00% L- 谷氨酰胺，33.55% L- 精氨酸，1.71% L- 色氨酸，3.47% L- 丙氨酸，2.73% L- 谷氨酸，1.07% L- 丝氨酸，2.03% L- 苏氨酸，1.75% L- 亮氨酸，1.31%L- 天冬氨酸，1.08% L- 缬氨酸，1.86%L- 苯丙氨酸，0.73% L- 异亮氨酸，1.12% L- 组氨酸，0.35%L- 甲硫氨酸，0.86%L- 酪氨酸，0.28%L- 甘氨酸，2.2% L- 赖氨酸，3.11% $\gamma$- 氨基丁酸，0.75% 天冬酰胺，0.33%$\beta$- 丙氨酸，1.01% 鸟氨酸，0.78% 半胱氨酸。酚酸：1.8% 没食子酸，10.2% 原儿茶酸，31.1% 对羟基苯甲酸，3.6% 咖啡酸，21.8% 香草酸，1.8% 丁香酸，1.1% 对香豆酸，6.2% 阿魏酸，22.4% 水杨酸。调 pH 值 =3.5 与和田红原汁 pH 值相近，0.22μm 滤膜过滤除菌。在 all 组基础上，为探讨糖、氨基酸、Vc、酚酸对非酶促褐变规律的影响，配置对应底物的变量组，保持底物成分含量不变，去除其他成分。所设成分组有：糖＋葡萄糖＋氨基酸＋Vc（G+F+A+Vc）、抗坏血酸（Vc）、果糖＋葡萄糖（G+F）、氨基酸（A）、酚酸（P）、单个氨基酸（分别为 24 个氨基酸）＋果糖＋葡萄糖组（G+F+A）；将所有配置液进行浓缩（100℃，800rpm）。样品涉及开始样（KS），沸腾样（FT），然后开锅每 20min 取样一次（K20～K160），直至熬煮糖度达到 28～30° Bx 为止。all 组接入刀郎慕萨莱思有限公司（Md）和古作坊（Ma）的发酵旺盛期的发酵液进行发酵，以模拟慕萨莱思加工过程，并进行每周取样一次。

## （二）慕萨莱思加工过程中非酶促褐变的主要类型

### 1. 配置体系浓缩过程中的主要非酶促褐变类型与主要底物

由图 5-2 各组模拟液 BI、YI 和 $A_{420nm}$ 随浓缩时间的变化趋势可知，不同配置体系的浓缩对 BI 影响大小为：G+F+A＞G+F+A+Vc＞all＞Vc＞G+F＞A＞P，对 $A_{420nm}$

影响大小排序为 G+F+A＞G+F+A+Vc＞all＞G+F＞A＞P＞Vc，对 YI 的影响大小为 G+F+A＞G+F+A+Vc＞all＞G+F＞Vc＞A＞P。由此可得 G+F+A，G+F+A+Vc，全配置组浓缩汁色泽的贡献度较大，其他四组较小（图 5-2）。

　　浓缩前期，G+F+A+Vc 组的褐变度 G+F+A 组的褐变度低，说明 Vc 在此阶段具有抑制褐变作用，但是在浓缩后期，G+F+A+Vc 上升趋势要比 G+F+A 快，且在开锅 140min 时，G+F+A+Vc 组褐变度大于 G+F+A 组。原因是在 G+F+A+Vc 组中，来自美拉德反应和 Vc 降解的中间产物的累积要多于 G+F+A 组，从而加速了褐变。全配置模拟组褐变度低于前两组的原因可能是全配料组添加了带金属离子的盐溶液。

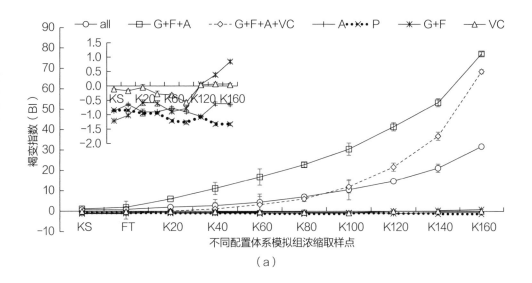

（a）

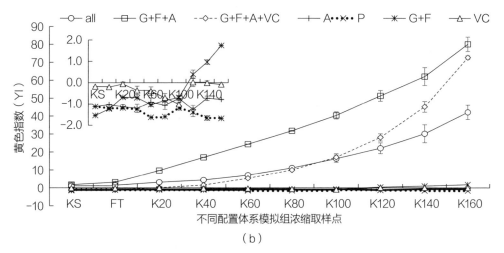

（b）

图 5-2　不同配置体系模拟组浓缩 BI（a）、YI（b）、$A_{420nm}$（c）、$a^*$（d）值的变化趋势

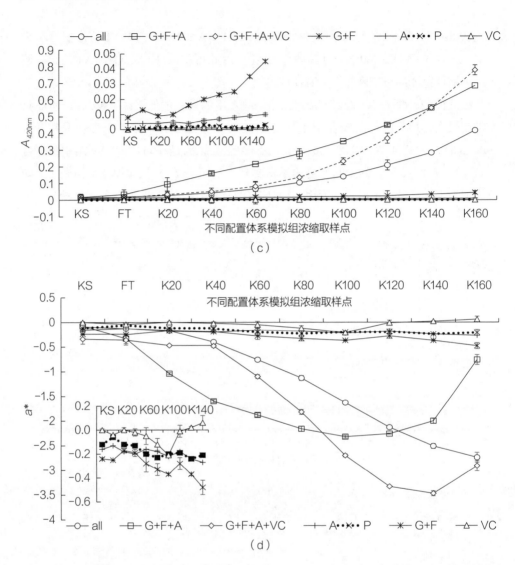

图 5-2　不同配置体系模拟组浓缩 BI（a）、YI（b）、$A_{420nm}$（c）、$a*$（d）值的变化趋势（续）

注：和田红葡萄汁模拟体系：all 为果糖＋葡萄糖＋氨基酸＋酚酸 +Vc+ 盐类化合物；G+F+A 为果糖＋葡萄糖＋氨基酸；G+F+A+Vc 为果糖＋葡萄糖＋氨基酸 +Vc；G+F 为果糖＋葡萄糖；Vc，指维生素 C；A 指氨基酸；P 指酚酸。横坐标 KS 为配置模拟液，FT 为开锅沸腾样，每 20min 取样一次（K20～K160），直至熬煮糖度达到 28～30° Bx。

配置液中 $a*$ 值在浓缩阶段呈下降趋势，但在浓缩后期，各组有不同程度的 $a*$ 回升，说明配置体系的成分对红色系列具有一定影响。与葡萄汁浓缩阶段相比（图 5-1），$a*$ 值随浓缩度时间而增加，与模拟体系呈相反趋势，说明在现有模拟体系中所含元素不包括直接生成红色系列的元素，所以影响 $a*$ 值变化的因子还需探究。

### 2. 配置体系浓缩后发酵过程中的主要非酶促褐变类型与主要底物

由图 5-3 可知，all 组的发酵过程中，褐变度的变化趋势与浓缩葡萄汁发酵过程中的变化趋势一致。综上所述，浓缩过程中主要发生的非酶促褐变类型是糖和氨基酸发生的美拉德反应，其次是焦糖化反应、抗坏血酸热降解、多酚的氧化缩合反应。在发酵前期，非酶促褐变度迅速降低，在发酵后期略有回升，其原因可能是多酚氧化缩合反应和缓慢的美拉德反应。

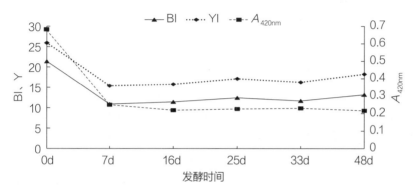

图 5-3　all 组发酵过程中 BI、YI、$A_{420nm}$ 值的变化趋势

### （三）慕萨莱思加工过程中非酶促褐变主要糖、氨基酸及酚类底物分析

#### 1. 配置体系在浓缩过程中还原糖变化分析

由图 5-4 可知，在 all 组浓缩前期，随着浓缩时间的增加，葡萄糖和果糖的浓度增加，且葡萄糖浓缩速率（k=7.16）高于果糖浓缩（k=4.38），浓缩 100min 后，果糖

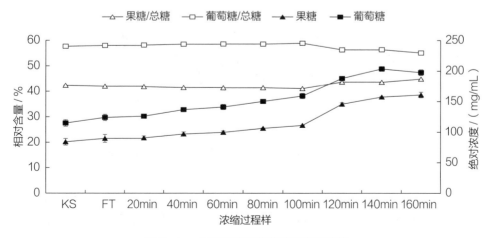

图 5-4　all 组果糖和葡萄糖的变化趋势

的浓缩速率（k=7.56）高于葡萄糖浓缩（k=4.81），且各浓度快速上升。浓缩100min以前，果糖的相对含量降低，葡萄糖的相对含量上升，而浓缩100min后，二者反向变化，即果糖相对含量上升，葡萄糖相对含量下降。原因可能是浓缩前100min果糖的消耗速率高于葡萄糖，而浓缩100min后，葡萄糖的消耗速率高于果糖的消耗速率。对比两种糖与$A_{420nm}$的相关系数，葡萄糖（0.74）＞果糖（0.57）。由此可知，葡萄糖引起的褐变程度大于果糖引起的褐变程度，这与果汁热处理加工中还原糖引起美拉德反应，葡萄糖褐变程度比果糖高的结果一致，且含有醛基的羰基化合物（葡萄糖）的褐变速度要比含酮基的羰基化合物（果糖）快，葡萄糖的活性高于果糖，并且浓缩速率高于消耗速率。

### 2. 配置体系在浓缩过程中氨基酸化合物分析

在120℃的油浴锅煮沸75mL单氨基酸配置体系，单个氨基酸与还原糖反应结束后，各样品的非酶促褐变程度不一（图5-5）。BI 和 YI 值＞25且$A_{420nm}$大于0.3的为脯氨酸，其次褐变度较高的氨基酸（BI 和 YI 值为15~20）包括甘氨酸、苏氨酸、$\beta$-丙氨酸、脯氨酸、$\gamma$-氨基丁酸（GABA）、色氨酸（Trp），其$A_{420nm}$部分大于0.2；BI 和 YI 值为10~15的氨基酸包括组氨酸、丙氨酸、缬氨酸、甲硫氨酸、半胱氨酸、亮氨酸、赖氨酸、酪氨酸，其$A_{420nm}$多数大于0.15；BI 和 YI 值在10以下的氨基酸包括谷氨酸、天门冬氨酸、天门冬酰胺（Asn）、丝氨酸、$NH_4^+$、异亮氨酸、苯丙氨酸、鸟氨酸（Orn）。

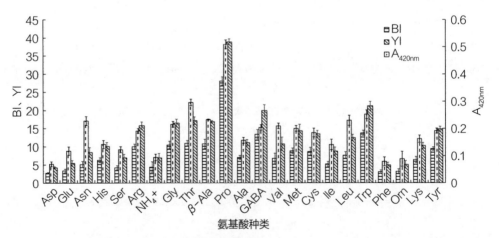

图5-5　单氨基酸配置体系浓缩后 BI、YI 和$A_{420nm}$值

对比 all、G+F+A 和 G+F+A+Vc 三组的 BI、YI 和$A_{420nm}$褐变速率（图5-6），得出脯氨酸、色氨酸、鸟氨酸和丙氨酸对褐变速率贡献较大，其他氨基酸的贡献较小。脯氨酸对非酶促褐变速贡献率大小为：all＞G+F+A+Vc＞G+F+A，色氨酸贡献率较大

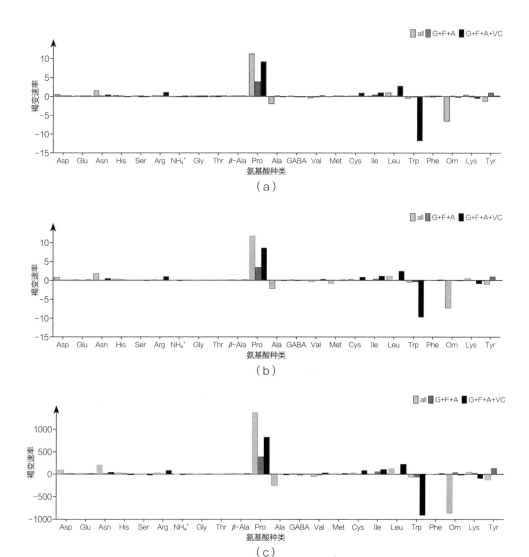

图 5-6　all、G+F+A、G+F+A+Vc 组浓度褐变速率（BI、YI 和 $A_{420nm}$ 值 / 氨基酸浓度）

注：（a）指 BI 值与氨基酸的褐变速率（BI 值 / 氨基酸浓度）；（b）指 YI 值与氨基酸的褐变速率（YI 值 / 氨基酸浓度）；（c）指 $A_{420nm}$ 值与氨基酸的褐变速率（$A_{420nm}$ 值 / 氨基酸浓度）。

的组是 G+F+A+Vc 组，鸟氨酸和丙氨酸贡献率较大的组为 all 组。贡献较大的氨基酸种类与单个氨基酸组对非酶促褐变贡献分析一致，说明配置液浓缩过程中高浓度脯氨酸增加和色氨酸损失量加大，是非酶促褐变主要贡献氨基酸类物质。同时对比三组的结果发现，all 组中含有的酚类物质和 Vc 均可促进非酶促褐变的发生。

### 3. 配置体系浓缩过程中酚类底物和 Vc 分析

酚酸物质在 all 组中的褐变速率可能是由初始浓度、浓缩速率，以及参与褐变反应的消耗速率共同作用的结果。由图 5-7 可知，在浓缩过程中，根据非酶促褐变速率均为正值，判断出酚酸随浓缩时间而增加，但非酶促褐变速率高低不同表示酚酸对非酶促褐变贡献度大小不一，其中水杨酸＞对羟基苯甲酸＞没食子酸＞原儿茶酸＞丁香酸＞咖啡酸＞香草酸＞对香豆酸＞阿魏酸。由此得出，水杨酸、对羟基苯甲酸、没食子酸可确定为引起非酶促褐变的重要酚类物质。

浓缩过程中 BI、YI 和 $A_{420nm}$ 与 Vc 的相关系数为 -0.83、-0.85、-0.83，浓缩过程中 Vc 损失较大，说明 Vc 对褐变度具有重要贡献。

还原糖参与非酶促褐变反应的活度大小为葡萄糖＞果糖；主要氨基酸底物为脯氨酸和色氨酸；主要酚酸是水杨酸、对羟基苯甲酸、没食子酸。综上所述，慕萨莱思模拟体系浓缩过程中，影响非酶促褐变底物为葡萄糖、果糖、脯氨酸、色氨酸、水杨酸、对羟基苯甲酸、没食子酸和 Vc 等。

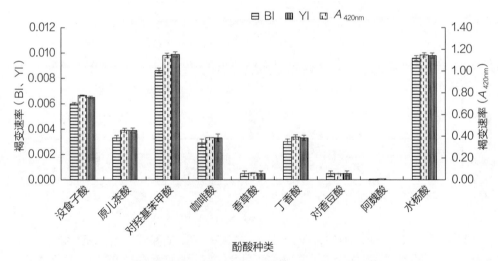

图 5-7　all 组褐变速率（BI、YI 和 $A_{420nm}$ 值 / 酚类浓度）

### 4. 发酵过程褐变聚合程度的变化

由图 5-8 可知，发酵 0~7 天 $A_{420nm}$ 急剧下降，聚合程度（$A_{294nm}/A_{420nm}$）急剧上升；而后期 $A_{420nm}$ 先缓慢上升，后趋于平缓，$A_{294nm}/A_{420nm}$ 先略下降，33d 后略上升。说明发酵前期微生物繁殖及吸附作用使褐变度降低；而发酵后期聚合程度先略下降，可能是无色中间体转化为类黑色素，增加褐变度，发生缓慢的美拉德反应；33d 后聚合度上升可能是因为氧气的作用，加速了多酚类物质的氧化缩合反应。

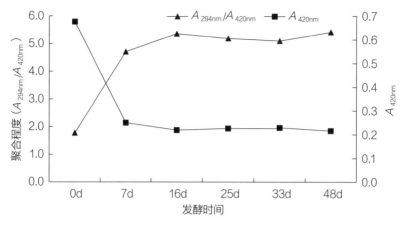

图 5-8 all 组加工过程中褐变聚合程度的变化

## （四）慕萨莱思微酿验证主要非酶促褐变类型及底物

### 1. 葡萄汁浓缩过程中主要非酶促褐变类型及底物

葡萄汁浓缩过程 BI、YI 和 $A_{420nm}$ 呈上升趋势（图 5-1，图 5-2），由图 5-9 可知，三者与还原糖成正相关，且三者与果糖和葡萄的相关系数均是葡萄糖（0.58，0.62，0.34）>果糖（0.38，0.47，0.11），证实了配置液浓缩时发生的非酶促褐变反应，且葡萄糖活性大于果糖。同时，三指标与多数氨基酸成较高负相关性，与小部分氨基酸成较低正相关性，负相关的氨基酸（丝氨酸、异亮氨酸、丙氨酸）因参加美拉德反应而有损耗，正相关的氨基酸也会参加美拉德反应，但其消耗速率不及浓缩速率。三指标与 Vc 成负相关，证明在浓缩过程中 Vc 参与非酶促褐变反应而相对含量降低。

BI、YI 和 $A_{420nm}$ 与酚类物质相关性分析可知，三者与原儿茶酸、对羟基苯甲酸、丁香酸、阿魏酸和咖啡酸等酚类物质成负相关，与配置体系模拟浓缩过程中酚类物质含量变化相反，原因是随着非酶促褐变的进行，这些酚类物质的消耗速率大于浓缩速

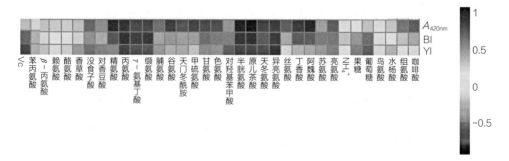

图 5-9 葡萄汁浓缩过程中 BI、YI 和 $A_{420nm}$ 与底物之间的 Pearson 相关性

率，使相对或绝对含量降低，也可能与浓缩之前酶促褐变导致部分酚酸损失有关。部分酚酸随葡萄汁浓缩而增加，如没食子酸、香草酸和对香豆酸等，有可能促使非酶促褐变的发生。

$A_{420nm}$、BI 和 YI 与 Vc 的相关性分别为 −0.21，−0.70，−0.72，说明 Vc 的消耗使果汁中的黄色和褐色加深，与配置液浓缩中 Vc 与褐变度成负相关且具有一致性。

综上所述，慕萨莱思加工过程中，葡萄汁浓缩发生的主要非酶促褐变类型是美拉德反应和焦糖化反应，其主要的参与底物是葡萄糖、果糖、丝氨酸、异亮氨酸、丙氨酸、原儿茶酸、对羟基苯甲酸、丁香酸和 Vc。

### 2. 浓缩葡萄汁发酵过程中主要非酶促褐变类型及底物

BI、YI 和 $A_{420nm}$ 在发酵前期呈下降趋势，在发酵后期及成熟期褐变度略有上升（图 5-1，图 5-8）。发酵前期的降低与微生物的吸附、代谢活动有关。后期（13d 以后）非酶促褐变度略有上升，与有氧条件下酚类聚合、缓慢的美拉德反应有关。

由发酵 13～48d 的 BI、YI 和 $A_{420nm}$ 与酚类物质相关性可知（图 5-10），$A_{420nm}$ 和 YI 与表儿茶素、原花青素 $B_2$、槲皮素葡萄糖醛酸和槲皮素葡萄糖苷等酚类物质成负相关，与绿原酸、没食子儿茶素、表没食子儿茶素、二氢槲皮素、山柰酚半乳糖苷、原儿茶酸、3-羟基肉桂酸、咖啡酸、2-羟基肉桂酸、龙胆酸、4-羟基苯甲酸、没食子酸等酚类物质成正相关。

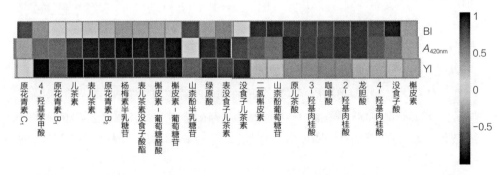

图 5-10　在葡萄汁发酵过程中 BI、YI 和 $A_{420nm}$ 与多酚底物之间的 Pearson 相关性

由图 5-11 可知，原汁发酵 5～11d 聚合程度先是快速上升，11～27d 趋于平缓，27～48d 快速上升，而浓缩汁在发酵 7～48d 呈现缓慢上升趋势，说明原汁发酵 5～11d 是微生物的作用，褐变度降低，11～27d 美拉德反应产生的无色中间产物几乎均匀地转化成棕褐色物质或类黑色素，27～48d 无色中间产物增加，褐变色泽也稍微增加（图 5-1），说明原葡萄汁发酵过程中有明显的非酶促褐变，其原因可能是酶促褐变、美拉德反应、Vc 的降解及酚类物质的氧化缩合反应。与之对比，浓缩使得酶促褐变

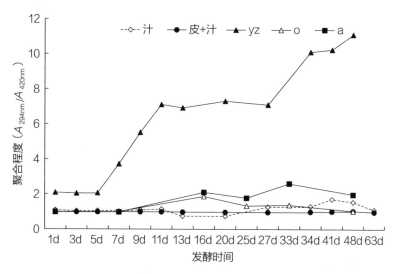

图 5-11　慕萨莱思发酵过程中聚合程度的变化

注：汁：葡萄汁单独浓缩发酵；皮 + 汁：皮渣和汁混合浓缩发酵；yz：原汁自然发酵；o：浓缩汁有氧发酵；a：葡萄浓缩汁添加作坊高泡期发酵液。

终止和 Vc 热降解反应迅速发生，在浓缩汁后发酵期间褐变度缓慢上升，则可能包含缓慢的美拉德反应及酚类物质的氧化缩合反应。

## 四、慕萨莱思酿制过程中非酶促褐变的其他影响因素

### （一）不同年份对样品非酶促褐变的影响

由图 5-12 和图 5-13 可知，提取的两个主成分可以有效区分不同年份以及不同批次之间的慕萨莱思。这与 2016 年的三批次非酶促褐变指标高于 2015 年的三批次非酶促褐变指标的变化情况一致。

由图 5-12 各色泽指标的载荷图验证了 BI、YI 和 $A_{420nm}$ 可以作为评价样品之间非酶促褐变的主要指标，可以评价不同年份对慕萨莱思浓缩阶段非酶促褐变的影响。从得分图可知，2015 年、2016 年、2017 年的浓缩过程样品分布不同，说明不同年份慕萨莱思浓缩过程中非酶促褐变变化的差异性。由图 5-13 的得分图可知，2015 年、2016 年、2017 年的发酵样品分布不同，说明不同年份发酵过程对非酶促褐变也具有一定影响。由图 5-12 与图 5-13 的载荷图对比分析可知，$A_{420nm}$ 和 $a^*$ 在发酵过程中变化较大，为区分不同年份过程样品的重要指标，BI 和 YI 仍然为非酶促褐变的主要指标。

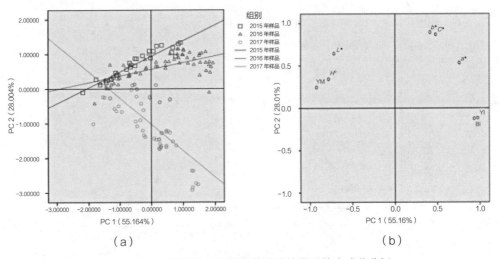

（a）　　　　　　　　　　　　　（b）

**图5-12　不同酿造年份的葡萄汁浓缩样品的主成分分析**

注:（a）样品分布图;（b）载荷得分图。

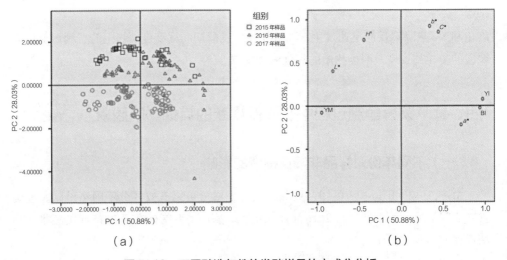

（a）　　　　　　　　　　　　　（b）

**图5-13　不同酿造年份的发酵样品的主成分分析**

注:（a）样品分布图;（b）载荷得分图。

## （二）皮渣浸提对非酶促褐变的影响

由图 5-14 可知，葡萄汁浓缩过程中皮渣对色泽的变化也有明显影响。葡萄汁带皮渣浓缩的非酶促褐变度（$BI/YI/A_{420nm}$）远远高于葡萄汁单独浓缩，原因可能是葡萄皮渣中含有多酚类物质及花青素。

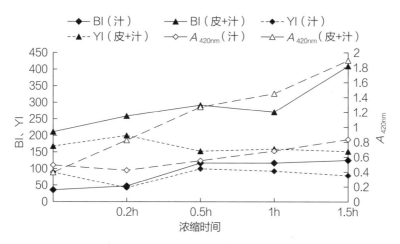

图5-14　皮渣浸提对非酶促褐变的影响

## （三）不同浓缩火力对非酶促褐变的影响

由图5-15可知，同一初始样，经不同火力的浓缩，大火浓缩时间短，BI、YI和 $A_{420nm}$ 值上升快；小火浓缩时间长，三个指标上升速率慢，这说明大火加速了其非酶促褐变反应。不同火力加热葡萄汁，其浓缩速率不同，引起的褐变速率也不同。

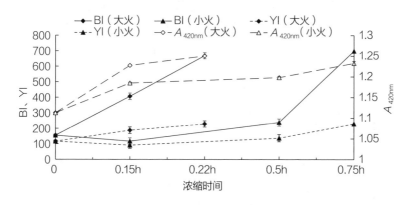

图5-15　不同浓缩火力对非酶促褐变度的影响

## （四）起发液、溶氧量对慕萨莱思发酵过程中非酶促褐变的影响

由图5-16可知，添加来自作坊和工厂的旺盛期菌，在发酵过程中BI、YI和 $A_{420nm}$ 值的变化无差异性，具有先极速下降，后期缓慢变化的趋势。溶氧丰富的发酵过程中，褐变度BI、YI和 $A_{420nm}$ 高于控氧发酵（尤其在发酵后期），说明溶氧促进了

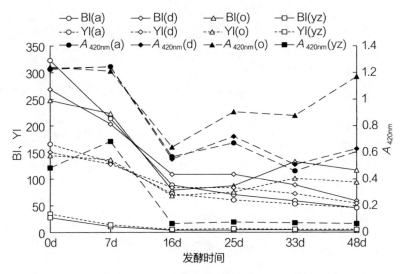

**图 5-16　起发液及溶氧量对慕萨莱思发酵过程中非酶促褐变的影响**

注：a：葡萄浓缩汁添加作坊慕萨莱思高泡期发酵液进行发酵；d：葡萄浓缩汁添加刀郎慕萨莱思公司高泡期发酵液进行发酵；o：浓缩结束后，有氧发酵；yz：葡萄原汁发酵。

非酶促褐变的发生。带皮渣浓缩液或葡萄汁单独浓缩液的发酵过程中褐变度均高于未浓缩的葡萄原汁发酵过程，说明葡萄汁浓缩过程奠定了慕萨莱思褐变的基本色调。慕萨莱思发酵后期褐变度具有不同程度的回升，而葡萄原汁在发酵过程中褐变度几乎保持平稳，由此证明前期的葡萄汁浓缩对慕萨莱思发酵后期或成熟期的褐变度回升具有促进作用。

## 五、总结

慕萨莱思加工过程中的非酶促褐变规律、主要类型及工艺要素主要有以下几点。

（1）葡萄汁浓缩过程中 $a*$、$b*$、YI、BI、$C*$ 增加，$L*$、WI、$H°$ 减小，色泽从青亮色向红褐色转变；浓缩葡萄汁发酵过程中 $a*$、$C*$、BI、YI 减小，$H°$、$L*$、WI 增加，$b*$ 基本保持不变，色泽从红褐色向黄棕色转变。在慕萨莱思酿制过程中，色泽指标与总糖、总酚成零级或一级动力学；与 $A_{420nm}$、$A_{294nm}$ 之间的相关性分析确定，BI，YI，$A_{420nm}$ 为慕萨莱思酿制过程中非酶促褐变的重要评价指标。在慕萨莱思酿制过程中，非酶促褐变反应随浓缩的进行而显著加速；随着发酵阶段的推进，非酶促褐变反应速率迅速降低，在后熟过程中缓慢上升，但上升幅度十分有限。

（2）慕萨莱思加工过程中，非酶促褐变反应主要发生在葡萄汁浓缩过程中，其主要类型是美拉德反应，其次是焦糖化反应、多酚氧化缩合反应和抗坏血酸氧化分解。在此阶段，非酶促褐变的重要贡献底物是葡萄糖、果糖、脯氨酸、色氨酸、水杨酸、对羟基苯甲酸和 Vc 等；而发酵过程中非酶促褐变反应强度明显降低，其主要非酶促褐变类型可能是多酚氧化聚合反应及缓慢的美拉德反应。

（3）慕萨莱思加工过程中，初步比较各工艺要素对慕萨莱思非酶促褐变的影响程度，得到：带皮渣浓缩葡萄汁＞不带皮渣浓缩葡萄汁，大火浓缩葡萄汁＞小火浓缩葡萄汁，浓缩葡萄汁高溶氧发酵＞浓缩葡萄汁低溶氧发酵。不同年份酿制之间也具有明显差异。作坊与工厂微生物发酵对非酶促褐变程度影响无明显差异。

慕萨莱思加工过程中的非酶促褐变规律、主要非酶促褐变类型及影响因素可反映出：浓缩过程中非酶促褐变加快，使葡萄汁褐变度极速上升，主要是美拉德反应；发酵过程中非酶促褐变速率减缓，葡萄酒的整体颜色减弱，亮度提高，主要是多酚氧化缩合反应；加热浓缩时间的长短、带皮浓缩发酵、含氧发酵会影响褐变程度。

第六章

慕萨莱思特征香气

# 一、概述

慕萨莱思的独特工艺主要在于对葡萄汁的热浓缩处理。显然，慕萨莱思的香气来源受到葡萄原料、发酵、陈酿的影响，葡萄汁浓缩是其特征香气形成的关键。

# 二、慕萨莱思酿造过程香气变化规律

## （一）慕萨莱思酿制过程中挥发性化合物变化规律

慕萨莱思酿制过程中共鉴定出 130 种挥发性化合物，13 个类别（图 6-1）。其中酯类化合物最多，有 38 个（乙酯为 16 个，乙酸酯为 7 个，及其他酯类 15 个）；其次是杂环类化合物 18 个，包含 15 个呋喃类，2 个吡咯及 1 个吡喃酮；醛酮类 18 个，苯类、萜烯类、脂肪酸类、C6 类有 6 ~ 8 种化合物，C13- 降异戊二烯、挥发性酚类、硫化物、内酯、萘类化合物有 2 ~ 4 个。

将 130 种挥发性化合物按其来源粗略分为：原料（即葡萄汁，16 种）、葡萄汁浓缩（35 种）、自然发酵和陈酿过程（近 100 种）。葡萄汁中挥发性化合物的浓度在浓缩过程中降低。在葡萄汁浓缩过程中，糠醛等 35 种化合物浓度明显增加，但近 30 种化合物浓度在发酵过程中明显降低，而 5-甲基糠醛、呋喃酮等在发酵过程中浓度持续增加（图 6-1）。近 100 种挥发性化合物浓度在发酵和陈酿过程中不同程度增加，特别是醇类、酯类、杂环类、脂肪酸、酚类等 61 种化合物。从图 6-2 可以看出，葡萄汁浓缩过程对植物 C6 类化合物和以呋喃类为主的杂环类具有很大影响，前者浓度降低至痕量甚至为零，后者浓度明显增加。葡萄汁浓缩使萜烯类、降异戊二烯类、乙酸酯类浓度降低。发酵和陈酿阶段使每类化合物的浓度不同程度增加。在发酵阶段，醇类和杂环类浓度高于其他类化合物，个别杂环类化合物，如呋喃酮和 5-甲基糠醛既生成于葡萄汁浓缩，又累积于自然发酵过程。依据香气对应的化合物类型，慕萨莱思酿制过程中产生的高浓度呋喃奠定了焦糖香气特征，发酵期和陈酿期累积了高浓度酯类，提示慕萨莱思具有浓郁的果香，而相对较少的 C6 类、C13- 降异戊二烯类、萜烯类等，提示慕萨莱思植物香、花香等较弱。

## （二）慕萨莱思酿制过程中潜在活性香气化合物

在 6 个浓缩过程和 3 个发酵过程中最大 OAVs（香气活力值）≥0.1 的 38 种香气化合物，作为潜在特征香气化合物（表 6-1）。浓缩过程中产生的糠醛，在发酵过程中大幅度降低。而 5-甲基糠醛和呋喃酮变化趋势相反，5-甲基糠醛在浓缩过程中浓

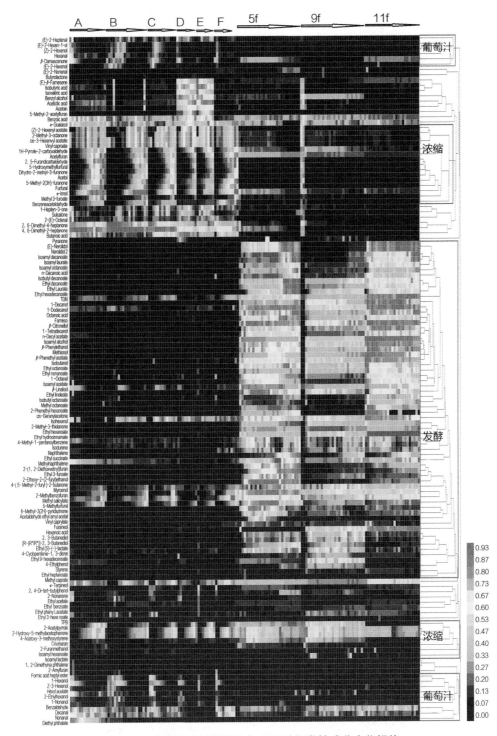

图 6-1  慕萨莱思酿制过程中 130 种挥发性成分变化规律

注：图中英文名称解释详见"化合物名称"。

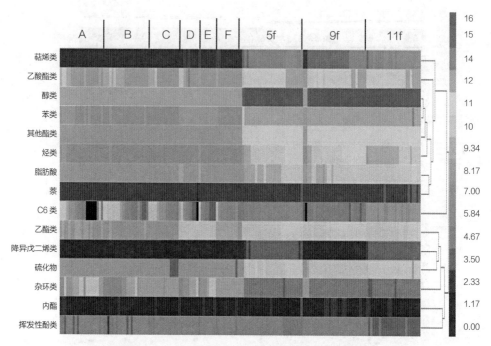

图 6-2　慕萨莱思酿制过程对各类挥发性化合物影响

注：A~F 为 6 个浓缩罐，每个罐的浓缩过程从左到右分别为葡萄汁（A1~F1），初沸腾（A2~E2），沸腾后每隔 1h（A3~A18、B3~B19、C3~C14、D3~D9、E3~E8、F3~F9）；5f、9f、11f 为 3 个发酵罐，每个罐的进程从左到右是 0~106d（5f）、0~106d（9f）、2~90d（11f）。

度为 20~30μg/L，发酵过程中浓度超过 300μg/L；呋喃酮在浓缩过程中不超过 1mg/L，在发酵过程大量累积，累积量为 14~24.3mg/L。发酵期酯类果香化合物大量增加，其他香气化合物也不同程度增加。生成于葡萄汁浓缩又以高浓度累积于自然发酵过程的杂环类化合物，可能是贡献焦糖香气潜在的特征香气化合物，其中 5-甲基糠醛最大 OAVs≥0.1，呋喃酮最大 OAVs 为 655（为香气化合物中最高），二者均贡献焦糖香气，因此将二者确定为可能的潜在特征香气化合物。

## 三、慕萨莱思特征香气分析

　　对阿瓦提县的 22 份慕萨莱思，集合定量感官描述分析，进行 GC-MS 及 GC-O-MS 分析，确定关键香气化合物，即 OAVs≥1（香气活度值）或 FDs≥1（稀释因子），借助香气重构与缺失实验，分析慕萨莱思各香区物质及关键香气化合物对特征香气贡献程度。结合酿制过程中潜在典型香气化合物，确定特征香气的代表性关键化合物（形成于慕萨莱思特殊酿制过程）。

表6-1　慕萨莱思酿制过程中潜在活性香气化合物（最大OAVs≥0.1）及其形成主要阶段

| RIᵃ | 化合物（英文名）ᵇ | 化合物 | 类别 | 阈值/(μg/L) | 香气描述 | 浓度/(μg/L) | | OAVs | | 酿制主要阶段 | | | |
|---|---|---|---|---|---|---|---|---|---|---|---|---|---|
| | | | | | | max | min | max | min | 葡萄汁 | 浓缩 | 发酵 | 陈酿 |
| 1756 | β-Citronellol | β-香茅醇 | 帖烯 | 40 | 生青、柑橘 | 13.26 | 2.05 | 0.33 | 0.05 | n | n | 9 | 12 |
| 1531 | β-Linalool | β-里那醇 | 帖烯 | 6 | 橘花 | 12.33 | 0.21 | 2.06 | 0.04 | <1 | <1 | 9 | 11 |
| 745 | Ethyl acetate | 乙酸乙酯 | 乙酸酯 | 3280 | 菠萝、茴香 | 4813.03 | 12.77 | 1.47 | <0.01 | 506 | 17 | 2349 | 4137 |
| 1101 | Isoamyl acetate | 乙酸异戊酯 | 乙酸酯 | 160 | 香蕉 | 1079.61 | 478.96 | 6.75 | 2.99 | 484 | 479 | 823 | 833 |
| 2346 | Farnesol | 金合双醇 | 醇 | 20 | 果香、意大利香醋、花香 | 26.21 | 19.24 | 1.31 | 0.96 | n | n | 23 | 24 |
| 1191 | Isoamyl alcohol | 异戊醇 | 醇 | 3060 | 酒精、甜味、指甲油 | 28407.58 | t | 9.28 | <0.01 | 128 | 2 | 15870 | 20498 |
| 1111 | Isobutanol (mg/L) | 异丁醇（mg/L） | 醇 | 16000 | 酒精、葡萄酒、指甲油 | 157.55 | 10.97 | 9.85 | 0.69 | 12 | 11 | 92 | 106 |
| 1814 | β-Phenethyl acetate | β-乙酸苯乙酯 | 苯 | 250 | 玫瑰、蜂蜜 | 537.11 | 1.41 | 2.15 | 0.01 | 3 | 1 | 332 | 314 |
| 1928 | β-Phenylethanol | β-苯乙醇 | 苯 | 10000 | 玫瑰、蜂蜜 | 18817.17 | 194.76 | 1.88 | 0.02 | 278 | 215 | 10092 | 13097 |
| 1217 | E-2-Hexenal | 反-2-己烯醛 | C6 | 4 | 生青、青草 | 64.38 | 6.18 | 16.09 | 1.55 | 14 | 6 | n | n |
| 1334 | 1-Hexanol | 己醇 | C6 | 1000 | 生青、青草 | 2016.90 | t | 2.02 | <0.01 | 1103 | 3 | 75 | 73 |
| 1322 | E-2-Heptenal | 反-2-庚烯醛 | 醛酮 | 4.6 | 生青、青草 | 1.29 | 0.23 | 0.28 | 0.05 | 1 | <1 | 1 | 1 |
| 1530 | E-2-Nonenal | 反-2-壬烯醛 | 醛酮 | 0.6 | — | 54.89 | t | 91.48 | <0.01 | t | t | 13 | 52 |
| 1853 | E-Geranylacetone | 香叶丙酮 | 醛酮 | 60 | 木兰、花香 | 79.09 | t | 1.32 | <0.01 | t | t | 13 | 27 |

续表

| RI[a] | 化合物（英文名）[b] | 化合物[b] | 类别 | 阈值/（μg/L） | 香气描述 | 浓度/（μg/L） | | OAVs | | 酿制主要阶段 | | | |
|---|---|---|---|---|---|---|---|---|---|---|---|---|---|
| | | | | | | max | min | max | min | 葡萄汁 | 浓缩 | 发酵 | 陈酿 |
| 1488 | Decanal | 癸醛 | 醛酮 | 10 | 肥皂、橘皮、牛油 | 5.21 | t | 0.52 | <0.01 | <1 | t | 2 | 1 |
| 1381 | Nonanal | 壬醛 | 醛酮 | 15 | 生青、轻微刺鼻 | 38.31 | 2.33 | 2.55 | 0.16 | 3 | 3 | 10 | 9 |
| 1630 | Ethyl decanoate | 癸酸乙酯 | 乙酯 | 200 | 果香、脂肪、愉悦 | 402.29 | 14.37 | 2.01 | 0.07 | 14 | 14 | 191 | 306 |
| 1321 | Ethyl heptanoate | 庚酸乙酯 | 乙酯 | 2 | 甜香、草莓、香蕉 | 20.10 | t | 10.05 | <0.01 | <1 | n | 3 | 2 |
| 2252 | Ethyl hexadecanoate | 棕榈酸乙酯 | 乙酯 | 1500 | 奶油 | 358.31 | 313.67 | 0.24 | 0.21 | 314 | 314 | 334 | 346 |
| 1223 | Ethyl hexanoate | 己酸乙酯 | 乙酯 | 5 | 青苹果 | 49.87 | t | 9.97 | <0.01 | t | n/t | 30 | 35 |
| 1885 | Ethyl hydrocinnamate | 3-羟基苯丙酸乙酯 | 乙酯 | 1.7 | 甜香、愉悦 | 3.38 | 1.41 | 1.99 | 0.83 | 1 | n | 3 | 3 |
| 2520 | Ethyl linoleate | 亚油酸乙酯 | 乙酯 | 0.45 | 甜香 | 1.03 | t | 2.29 | <0.01 | n | n | 1 | 1 |
| 1421 | Ethyl octanoate | 辛酸乙酯 | 乙酯 | 580 | 甜香、香蕉、菠萝 | 132.62 | 17.22 | 0.23 | 0.03 | 17 | 17 | 78 | 87 |
| 1783 | Ethyl phenylacetate | 苯乙酸乙酯 | 乙酯 | 73 | 玫瑰、蜂蜜 | 49.27 | 0.56 | 0.67 | 0.01 | 5 | n | 33 | 44 |
| 1612 | Butanoic acid | 丁酸 | 脂肪酸 | 1400 | 奶酪、酸臭 | 479.98 | 62.68 | 0.34 | 0.04 | 106 | 103 | 299 | 405 |
| 1835 | Hexanoic acid | 己酸 | 脂肪酸 | 1800 | 奶酪臭 | 603.83 | 192.50 | 0.34 | 0.11 | 195 | 193 | 399 | 487 |
| 1551 | Isobutyric acid | 异丁酸 | 脂肪酸 | 2300 | 酸臭、奶酪 | 438.65 | 95.86 | 0.19 | 0.04 | 150 | 111 | 302 | 340 |
| 1457 | 5-Methylfurfural | 5-甲基糠醛 | 呋喃 | 1100 | 苦杏仁、焦糖 | 671.00 | 0.93 | 0.61 | <0.01 | 2 | 21 | 324 | 421 |

| RI | 化合物 | 中文名称 | 分类 | 阈值 | 气味 | | | | | | | | |
|---|---|---|---|---|---|---|---|---|---|---|---|---|---|
| 2024 | Furaneol（mg/L） | 呋喃酮（mg/L） | 呋喃酮 | 37 | 棉花糖，烤杏仁，花香 | 24.25 | t | 655 | <0.01 | t | <1 | 11 | 20 |
| 1450 | Furfural | 糠醛 | 呋喃 | 770 | 烤杏仁，花香 | 1396.96 | 22.62 | 1.81 | 0.03 | 35 | 901 | 92 | 67 |
| 1741 | Naphthalene | 萘 | 萘 | 20 | 樟脑丸 | 12.84 | 2.21 | 0.64 | 0.11 | 2 | 2 | 5 | 9 |
| 1746 | TDN | 1,1,6-三甲基-1,2-二氢萘 | 降异戊二烯 | 20 | 煤油，类似汽油 | 2.69 | 0.68 | 0.13 | 0.03 | 1 | 1 | 2 | 2 |
| 1760 | β-Damascenone | β-大马士酮 | 降异戊二烯 | 4 | 桃罐头，烤苹果，干李子 | 13.85 | 0.36 | 3.46 | 0.09 | 2 | <1 | 9 | 9 |
| 1651 | Isoamyl octanoate | 辛酸异戊酯 | 其他酯 | 125 | 甜香，果香味 | 17.95 | 1.89 | 0.14 | 0.02 | n | n | 7 | 12 |
| 1706 | Methionol | 甲硫醇 | 硫化物 | 1000 | 煮土豆，牧草 | 4327.75 | 320.80 | 4.33 | 0.32 | 327 | 324 | 1891 | 2605 |
| 2300 | 2,4-Di-tert-butylphenol | 2,4-二叔丁基苯酚 | 挥发酚 | 200 | — | 124.47 | 14.73 | 0.62 | 0.07 | 36 | 15 | 80 | 98 |
| 2170 | 4-Ethylphenol | 4-乙基苯酚 | 挥发酚 | 140 | 马厩，皮革 | 56.19 | 41.78 | 0.40 | 0.30 | 42 | 42 | 49 | 50 |
| 1854 | α-Guaiacol | α-愈创木酚 | 挥发酚 | 30 | 烟熏，丁香 | 20.54 | 10.66 | 0.68 | 0.36 | 11 | 11 | 13 | 15 |

注：a：HP-INNOWAX柱保留指数；b：化合物鉴定：RI，标品，GC-MS 谱图。葡萄汁：A1，B1，C1，D1，E1和F1葡萄汁平均浓度；浓缩：浓缩葡萄汁（约28°Bx）A18，B19，C14，D9，E8和F9平均浓度；发酵：5f，9f，11f发酵罐33d，32d，34d平均浓度；陈酿：5f，9f，11f发酵罐106d，106d，90d的平均浓度；t：痕量；n：未检测。

## （一）慕萨莱思香气轮廓分析

22份慕萨莱思样品经过QDA（定量描述分析法）分析，获得香气轮廓图（图6-3），慕萨莱思具有浓郁的干果香、果香、果酱香及焦糖香，焙烤香次之，植物香、花香及"其他"香较弱。

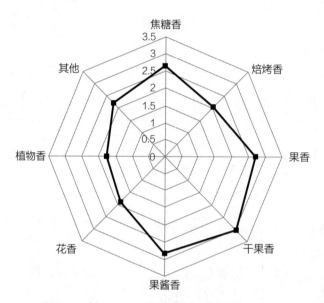

图6-3　基于QDA数据的慕萨莱思香气轮廓图

## （二）慕萨莱思香气化合物 OAVs 分析

从22份样品中鉴定出80种香气化合物，包括醇类（14种）、乙基酯（14种）、乙酸酯（6种）、其他酯（8种）、脂肪酸（9种）、杂环（7种）、萜烯（5种）、挥发酚（5种）、苯类（3种）、内酯（3种）、羰基化合物（3种）、多元醇（1种）、降异戊二烯类（1种）、硫化物（1种）。将平均OAVs≥1的20种化合物确定为关键香气化合物（表6-2）。

20种香气化合物OAVs与定量描述分析得分值PLSR分析见图6-4，仅有4份样品与果香、花香对应，其余18份样品与焦糖香、焙烤香、干果香、果酱香及植物香对应，说明多数慕萨莱思的焦糖香、焙烤香、干果香和果酱香突出；焙烤香和植物香强度偏低，且焙烤香与焦糖香相近，干果香、果酱香及焦糖香强度明显高于焙烤香和植物香，所以慕萨莱思特征香气确定为干果香、果酱香和焦糖香。

进一步分析得到：与焦糖香和焙烤香最相关的化合物是糠醛和5-甲基糠醛；3-羟基苯丙酸乙酯与干果香有较强的相关性；癸酸乙酯、乙酸异戊酯和己酸乙酯与

表6-2　慕萨莱思中重要20种香气化合物（OAVs≥1）信息表

| 成分 | 浓度/(mg/L, 均值±SD) | | | OAVs | | | 阈值/(mg/L) | 香气描述 |
| --- | --- | --- | --- | --- | --- | --- | --- | --- |
| | 最小 | 最大 | 均值 | 最小 | 最大 | 均值 | | |
| 乙酸乙酯 | 6879.3±33.2 | 49,646.5±148.2 | 19,251.69±9414.48 | 2.1 | 15.1 | 5.9 | 3280 | 菠萝，回香 |
| 异丁醇 | 43541.9±5738.2 | 198,090.4±1260.7 | 129,477.93±36775.32 | 2.7 | 12.4 | 8.1 | 16,000 | 酒精，葡萄酒，指甲油 |
| 乙酸异戊酯 | 255.5±5 | 6325.2±110.5 | 1239.14±1225.65 | 1.6 | 39.5 | 7.7 | 160 | 香蕉 |
| 异戊醇 | 8911.7±1341.4 | 37,380.5±166.4 | 23,385.92±7565.92 | 2.9 | 12.2 | 7.6 | 3060 | 酒精，甜味剂，指甲油 |
| 己酸乙酯 | 13.4±0 | 473.5±4.1 | 107.2±90.06 | 2.7 | 94.7 | 21.4 | 5 | 青苹果 |
| 庚酸乙酯 | 0.2±0 | 25.3±0.9 | 6.54±6.14 | 0.1 | 10.9 | 3.3 | 2 | 甜，草莓，香蕉 |
| 糠醛 | 66.5±1.1 | 9356.2±99.9 | 1203.8±2006.75 | 0.1 | 12.2 | 1.6 | 770 | 烧焦的杏仁，薰香，花香 |
| 5-甲基糠醛 | 175±0.2 | 12194±89.7 | 1619.17±2534.38 | 0.2 | 11.1 | 1.5 | 1100 | 苦杏仁，辣 |
| β-里那醇 | 0.1±0.1 | 290.7±7.2 | 18.22±25.96 | <0.1 | 19.6 | 3 | 6 | 橙花 |
| 癸酸乙酯 | 18.6±0.5 | 2620.2±134.2 | 519.13±554.03 | 0.1 | 13.1 | 2.6 | 200 | 水果味，脂肪味，怡人的 |
| 甲硫醇 | 382.1±18.3 | 4424.3±172.5 | 2033.22±1158.17 | 0.4 | 4.4 | 2 | 1000 | 煮土豆，切干草 |
| β-香茅醇 | 2.8±0.0 | 574.9±248.6 | 51.98±126.05 | 0.1 | 14.4 | 1.3 | 40 | 绿色，柑橘 |
| β-大马士酮 | 4.6±1.5 | 40.2±26.6 | 16.11±8.91 | 1.1 | 10.1 | 4 | 4 | 水蜜桃罐头，烤苹果，李子干 |
| 苯乙酸乙酯 | 9.1±3.2 | 169.3±3.9 | 70.96±50.76 | 0.1 | 2.3 | 1 | 73 | 玫瑰，蜂蜜 |
| β-乙酸苯乙酯 | 35.8±11.2 | 1778.8±7.4 | 660.93±521.04 | 0.1 | 7.1 | 2.6 | 250 | 玫瑰 |
| 氢化肉桂酸乙酯 | 1.8±0.0 | 27.1±2.2 | 4.74±4.37 | 1.1 | 11.5 | 2.8 | 1.7 | 甜美，令人愉快的 |
| β-苯乙醇 | 5173.2±158.1 | 18,527.5±664.2 | 10,992.74±4423.38 | 0.5 | 1.9 | 1.1 | 10,000 | 玫瑰 |
| 呋喃酮 | 14981.779±218.095 | 43,353.876±1892.285 | 29,232.279±17296.381 | 2960.5 | 19,564.1 | 5846.5 | 37 | 棉花糖 |
| 反式异丁香酚 | 19.6±0.2 | 1402.5±51.0 | 30.15±12.45 | 3.3 | 53.7 | 5 | 6 | 花香 |
| 法尼醇 | 19.4±0 | 27.6±0.5 | 22.52±2.18 | 1 | 1.4 | 1.1 | 20 | 果实，香脂，花香，丁香 |

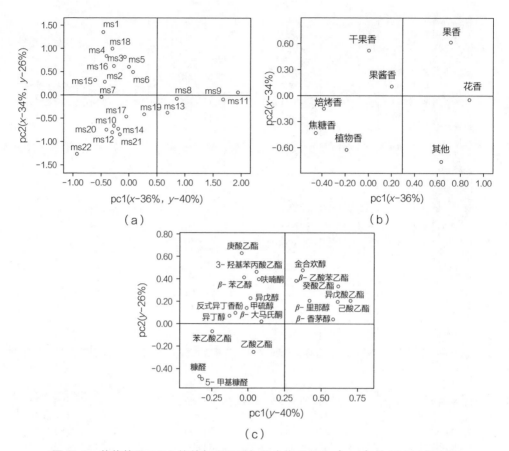

**图 6-4　慕萨莱思 QDA 均值与重要香气化合物 OAVs（≥1）的 PLSR 散点图**

注:（a）慕萨莱思样品（ms）散点图;（b）香气散点图;（c）香气化合物（OAVs≥1）散点图。$x$: QDA;
$y$: OAVs。

果香相关;$\beta$-里那醇、$\beta$-香茅醇、金合欢醇与花香相关;$\beta$-苯乙醇在图中表明与花香有相关性,但不及与果酱香的相关程度;甲硫醇和 $\beta$-大马士酮与果酱香有较高相关性;$\beta$-乙酸苯乙酯与果香和花香位置相对较近,同时能够兼顾果酱香,表现出二者具有一定的相关性;苯乙酸乙酯与焙烤香、焦糖香位置靠近,及兼顾果酱香。

## （三）GC-O-MS 分析

对干果香突出的 ms4 和焦糖香突出的 ms22 两份样品,进行 GC-O-MS（气相色谱-嗅闻测定-质谱）分析,获得 40 种香气化合物（表 6-3）。ms4 和 ms22 嗅闻到的香气化合物均为 27 种,共有且 FDs≥4 的香气化合物有 13 种。13 种化合物中,除去 2 种未鉴定化合物,6 种化合物通过 OAVs≥1 和 PLSR 分析已确定为慕萨莱思关键香气化合物,4 种有机酸（辛酸、癸酸、异戊酸和己酸）新选为慕萨莱思的关键香气化合物。

表6-3　代表性慕萨莱思样品 GC-O-MS 分析

| RI | | 描述 | 化合物 | 鉴定方法 | FDs | |
|---|---|---|---|---|---|---|
| HP-INNOWAX | DB-5 | | | | ms4 | ms22 |
| 1011 | 731 | 浓郁水果味 | 缩醛 | MS/RI/S/Odor | 32 | — |
| 1015 | 640 | 水果，甜味 | 异丁酸乙酯 | MS/RI/S/Odor | 128 | — |
| 1031 | 640 | 杂醇，威士忌 | 异丁醇 | MS/RI/S/Odor | 16 | — |
| 1039 | — | 醇类，杂醇 | 1-丙醇 | MS/RI/S/Odor | 8 | — |
| 1054 | 808 | 水果，菠萝 | 丁酸乙酯 | MS/RI/S/Odor | 64 | — |
| 1101 | 886 | 甜味，香蕉，水果 | 乙酸异戊酯 | MS/RI/S/Odor | 128 | 1 |
| 1191 | 773 | 酒精，香蕉 | 异戊醇 | MS/RI/S/Odor | 256 | 128 |
| 1223 | 1000 | 水果，菠萝 | 己酸乙酯 | MS/RI/S/Odor | 128 | 16 |
| 1291 | 716 | 黄油，甜味 | 丙酮 | MS/RI/S/Odor | 4 | 4 |
| 1327 | 846 | 草莓，黄油，牛奶 | 乙酸乙酯 | MS/RI/S/Odor | 4 | — |
| 1421 | 1197 | 水果，脂肪 | 辛酸乙酯 | MS/RI/S/Odor | 64 | — |
| 1430 | 691 | 醋 | 乙酸 | MS/RI/S/Odor | 128 | — |
| 1455 | — | 熟土豆 | 甲硫醛 | MS/RI/S/Odor | 64 | — |
| 1457 | 974 | 焦糖 | 5-甲基糠醛 | MS/RI/S/Odor | — | 16 |
| 1460 | — | 含糖味 | 未知1460 | MS/RI/Odor | 128 | 64 |
| 1612 | 838 | 汗味 | 丁酸 | MS/RI/S/Odor | 8 | — |
| 1656 | — | 汗味 | 异戊酸 | MS/RI/S/Odor | 64 | 8 |
| 1706 | — | 熟土豆 | 甲硫醇 | MS/RI/S/Odor | 32 | 16 |
| 1835 | 1950 | 汗味，奶酪 | 己酸 | MS/RI/S/Odor | 64 | 8 |
| 1871 | 1049 | 水果 | 苄醇 | MS/RI/S/Odor | 8 | — |
| 1885 | — | 水果 | 氢化肉桂酸乙酯 | MS/RI/S/Odor | 128 | — |
| 1908 | 1141 | 玫瑰，蜂蜜 | $\beta$-苯乙醇 | MS/RI/S/Odor | 1024 | 1024 |
| 1979 | — | 焦糖 | 麦芽酚 | MS/RI/S/Odor | — | 4 |
| 2024 | 1081 | 焦糖 | 呋喃酮 | MS/RI/S/Odor | 1024 | 512 |

续表

| RI | | 描述 | 化合物 | 鉴定方法 | FDs | |
|---|---|---|---|---|---|---|
| HP-INNOWAX | DB-5 | | | | ms4 | ms22 |
| 2049 | — | 中药 | 辛酸 | MS/RI/S/Odor | 64 | 4 |
| 2081 | — | 马厩 | 间甲酚 | MS/RI/S/Odor | 16 | — |
| 2261 | 1562 | 肥皂，木材 | 癸酸 | MS/RI/S/Odor | 32 | 8 |
| 2554 | — | 玫瑰 | 未知 2554 | MS/RI/Odor | 128 | 64 |
| 1010 | — | 黄油 | 2，3-丁二酮 | MS/RI/Odor | — | 128 |
| 1450 | 853 | 焦糖 | 糠醛 | MS/RI/S/Odor | — | 64 |
| 1475 | — | 甜味，黄油 | 4，4-二甲基-2-环戊烯-1-酮 | MS/RI/Odor | — | 4 |
| 1492 | 924 | 甜味，焦糖 | 乙酰呋喃 | MS/RI/Odor | — | 4 |
| 1534 | — | 辣，汗味 | 丙酸 | MS/RI/S/Odor | — | 4 |
| 1668 | 1180 | 水果 | 琥珀酸二乙酯 | MS/RI/S/Odor | — | 8 |
| 1737 | — | 辛辣，木质 | 5-乙氧基二氢-2（3H）-呋喃酮 | MS/RI/Odor | — | 1 |
| 1783 | — | 水果 | 苯乙酸乙酯 | MS/RI/S/Odor | — | 1 |
| 1814 | — | 水果 | $\beta$-苯乙酸酯 | MS/RI/S/Odor | 256 | 128 |
| 2170 | 1175 | 动物 | 4-乙基苯酚 | MS/RI/S/Odor | — | 128 |
| 2177 | — | 干果，甜味 | $\beta$-乙氧基-2-呋喃甲醇 | MS/RI/Odor | — | 32 |
| 2480 | 1280 | 焦糖 | 5-羟甲基糠醛 | MS/RI/S/Odor | — | 1 |

## （四）慕萨莱思香气重构与缺失分析

以获得的 23 种关键香气化合物浓度配置重构液，重构液与 ms4 的香气轮廓具有较高的吻合度（图 6-5）。说明 23 种化合物作为慕萨莱思关键香气化合物，可复原慕萨莱思特征香气。

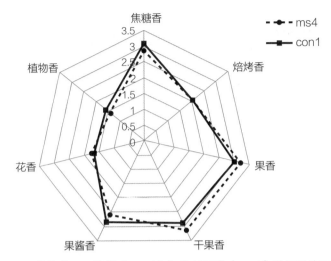

图6-5  慕萨莱思重构样（con1）与参考酒样（ms4）香气轮廓图

　　将23种香气化合物初步归类到7种香区，$\beta$-大马士酮单独配置（表6-4），得到：除去植物香区缺失组和重构组之间无显著差异外，其余香区均存在显著差异（$z > 1.645$），说明植物香区对慕萨莱思香气轮廓无显著影响，而其余香区及$\beta$-大马士酮对慕萨莱思香气轮廓具有显著影响（表6-5）。

表6-4  慕萨莱思香区信息表

| 香区 | 香气化合物（中文） | 香气化合物（英文） | 香气描述词 | 香气描述词（GC-O-MS） | 浓度 /（μg/L） |
|---|---|---|---|---|---|
| 干果香 | 3-羟基苯丙酸乙酯 | Ethyl hydrocinnamate | 玫瑰，蜂蜜 | 果香 | 7 |
| | 呋喃酮 | Furaneol | 棉花糖 | 焦糖 | 28864 |
| 焦糖香 | 糠醛 | Furfural | 焦杏仁，焦糖香 | 焦糖 | 66 |
| | 5-甲基糠醛 | 5-Methylfurfural | 焙烤，焦糖 | 焦糖 | 230 |
| 果香 | 乙酸乙酯 | Ethyl acetate | 苹果，梨，香蕉 | — | 22374 |
| | 乙酸异戊酯 | Isoamyl acetate | 香蕉 | 甜，香蕉，果香 | 834 |
| | 己酸乙酯 | Ethyl hexanoate | 青苹果 | 菠萝 | 82 |
| | 癸酸乙酯 | Ethyl decanoate | 果味，愉悦 | — | 688 |
| | 庚酸乙酯 | Ethyl heptanoate | 甜香，草莓，香蕉 | — | 14 |

续表

| 香区 | 香气<br>化合物（中文） | 香气化合物<br>（英文） | 香气描述词 | 香气描述词<br>（GC-O-MS） | 浓度 /<br>（µg/L） |
|---|---|---|---|---|---|
| 果酱香 | 甲硫醇 | Methionol | 熟土豆 | 煮土豆 | 1333 |
| | $\beta$-乙酸苯乙酯 | $\beta$-Phenethyl acetate | 玫瑰，蜜香，树莓，浓烈水果香，果酱 | 果香 | 852 |
| 花香 | $\beta$-香茅醇 | $\beta$-Citronellol | 浓烈玫瑰香，橙花 | — | 73 |
| | $\beta$-里那醇 | $\beta$-Linalool | 橘花 | — | 46 |
| | $\beta$-苯乙醇 | $\beta$-Phenylethyl alcohol | 玫瑰，蜂蜜 | 玫瑰，蜂蜜 | 11912 |
| | 金合欢醇 | Farnesol | 意大利香醋，花香，丁香 | — | 26 |
| | 反式异丁香酚 | $trans$-Isoeugenol | 花香，苯酚 | — | 49 |
| 植物香 | 辛酸 | Octanoic acid | 奶酪，酸臭，脂肪 | 中药 | 570 |
| 其他 | 异丁醇 | Isobutanol | 酒精，葡萄酒，指甲油 | — | 136578 |
| | 异戊醇 | Isoamyl alcohol | 酒精，甜香，指甲油 | 杂醇，威士忌 | 22938 |
| | 己酸 | Hexanoic acid | 奶酪 | 汗味，奶油 | 645 |
| | 癸酸 | Decanoic acid | 酸臭，蜡，塑料 | 肥皂，木制 | 115 |
| | 异戊酸 | Isovaleric acid | 酸，酸臭 | 酸臭，汗味 | 388 |
| 未定香区 | $\beta$-大马士酮 | $\beta$-Damascenone | 甜香，烤苹果，李子干等 | | 19 |

表 6-5　慕萨莱思各香区缺失分析

| 缺失香区 | 正确频次 / 总人数 | $z$ 值 | 差异显著性 |
|---|---|---|---|
| 干果香 | 23/26 | 5.755 | *** |
| 焦糖香 | 25/26 | 6.587 | *** |
| 果香 | 25/26 | 6.587 | *** |
| 果酱香 | 22/26 | 5.3389 | *** |

续表

| 缺失香区 | 正确频次 / 总人数 | z 值 | 差异显著性 |
|---|---|---|---|
| 花香 | 23/26 | 5.755 | *** |
| 植物香（中药） | 13/26 | 1.5947 | ns |
| 其他 | 16/26 | 2.8428 | *** |
| $\beta$-大马士酮 | 20/26 | 4.50693 | *** |

注：缺失样与参考酒样（ms4）之间的差异显著性：**，显著（$P \leq 0.05$）；***，极显著（$P \leq 0.01$）；ns，不显著。

对具有最高 OAVs 或 FDs 的呋喃酮和 $\beta$-苯乙醇，和 PLSR 中与焦糖香和果酱香高度相关的 5-甲基糠醛及甲硫醇，进行缺失实验（图 6-6）。相对于重构样品，呋喃酮缺失使干果香强度极显著降低（$P \leq 0.01$），缺失 5-甲基糠醛使得焦糖香强度极显著降低（$P \leq 0.01$），缺失甲硫醇引起果酱香的极显著降低（$P \leq 0.01$），说明呋喃酮、5-甲基糠醛和甲硫醇分别对干果香、焦糖香及果酱香具有极显著贡献。单独缺失 $\beta$-苯乙醇引起果酱香强度极显著下降（$P \leq 0.01$）和花香显著降低（$P \leq 0.05$），说明 $\beta$-苯乙醇对果酱香贡献度可能要大于对花香的贡献度。由此可得，呋喃酮是干果

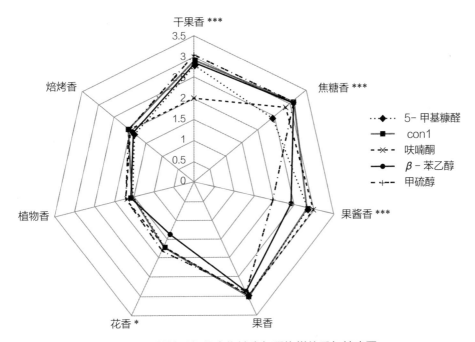

图 6-6　关键香气化合物缺失与重构样的香气轮廓图

注：*，*** 分别是缺失组和重构组之间差异的显著（$P \leq 0.05$）和极显著（$P \leq 0.01$）；con1：重构样液。

香的关键香气化合物，5-甲基糠醛是焦糖香的关键化合物，甲硫醇是果酱香的关键化合物，苯乙醇是花香的关键化合物，同时对果酱香的影响更显著。5-甲基糠醛和呋喃酮为形成于特殊酿制过程的慕萨莱思特征香气代表性关键化合物。

### （五）慕萨莱思典型特征香气物质阈值与互作关系

焦糖香为慕萨莱思典型特征香气，其重要香气物质为 5-甲基糠醛（5-MF）、呋喃酮（DMHF）和 3-甲硫基丙醇（3-MTP），三者具有相近气味，采用 3-AFC（三点强迫选择法）确定 5-MF、DMHF 和 3-MTP 阈值，在酒精度 12% vol 模拟葡萄酒中阈值分别为 190μg/L、45μg/L 和 382μg/L，在酒精度 12% vol 慕萨莱思脱香液中阈值分别为 97.580μg/L、798.950μg/L 和 196.533μg/L，在 8%～14% vol 酒精度和 6.4～7.9° Bx 糖度内阈值无显著差异（$P > 0.05$）。经 S 形曲线和 $\sigma$-$\tau$ 图分析，两种基液中 3 种香气的二元混合溶液均为加成作用（图 6-7、图 6-8）。

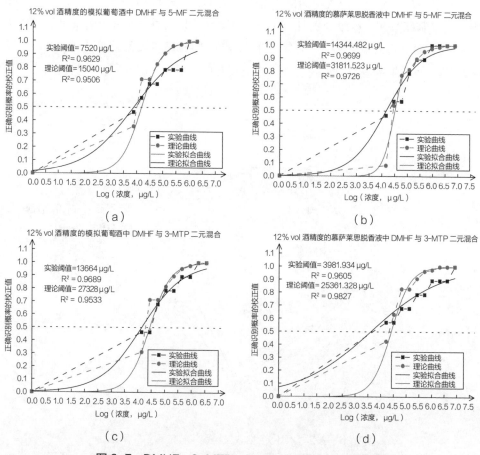

图 6-7　DMHF、3-MTP、5-MF 二元互作 S 形曲线图

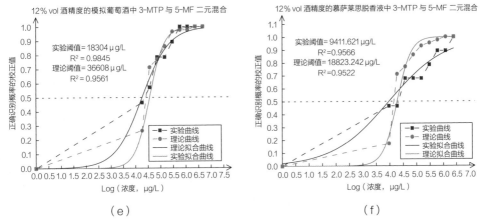

图 6-7　DMHF、3-MTP、5-MF 二元互作 S 形曲线图（续）

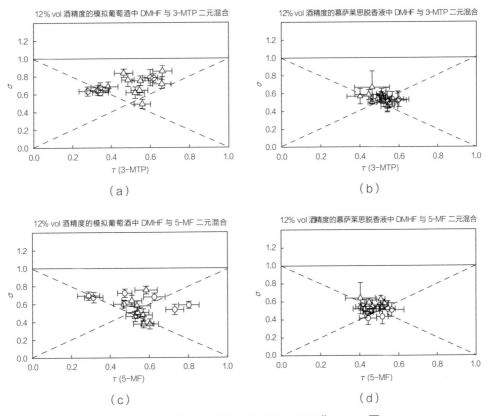

图 6-8　DMHF、3-MTP、5-MF 二元互作 $\sigma - \tau$ 图

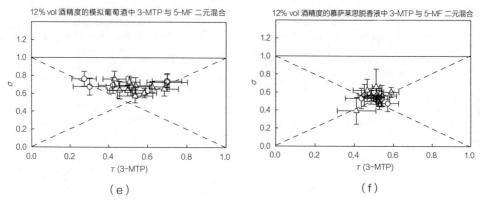

图6-8    DMHF、3-MTP、5-MF 二元互作 $\sigma-\tau$ 图（续）

注："Δ"为等香气强度混合；"O"为不同香气强度混合。

## （六）现代工厂与传统作坊酿制慕萨莱思的香气差异

传统酿制与现代酿制的慕萨莱思的香气特征各不相同（图6-9）。传统慕萨莱思的果香和花香高于现代慕萨莱思；现代工艺酿制慕萨莱思的焦糖香、植物香和烘焙香明显高于传统慕萨莱思；两类酒的干果香和果酱香的强度相当。传统慕萨莱思中的特征物质大多数与新鲜水果香、干果香、果酱香和花香相关；而现代慕萨莱思特征物质多数与焦糖香、烘烤香的呋喃物质相关。传统慕萨莱思中酯类、脂肪酸、挥发性酚类、萜烯类、内酯类和降异戊二烯类等的浓度高于现代慕萨莱思，而现代慕萨莱思的醇类、呋喃酮和甲硫醇含量高于传统慕萨莱思（图6-10）。葡萄渣的提取、葡萄汁的浓缩度、微生物群落的多样性和可变参数（如氧气水平和发酵温度）是影响现代慕萨莱思感官和化学变化的主要因素。

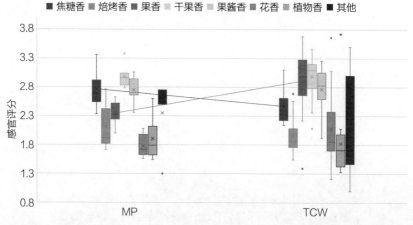

图6-9    传统发酵（TCW）和现代酿制（MP）的慕萨莱思酒的感官特征差异

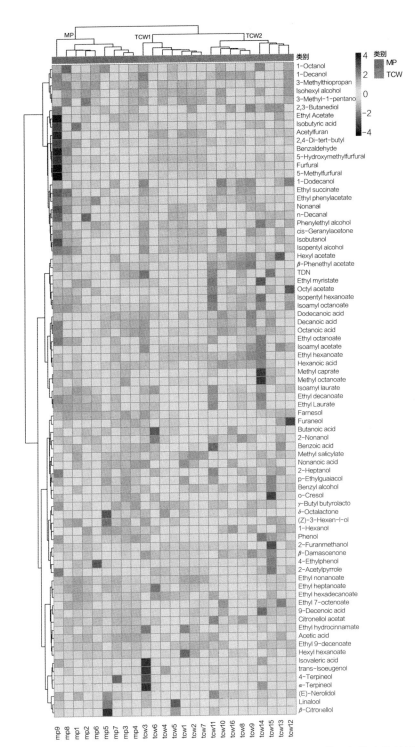

图 6-10　传统发酵（TCW）和现代酿制（MP）慕萨莱思酒的香气化合物差异

注：图中化合物英文名称的解释详见"化合物名称"。

## 四、慕萨莱思特征香气优势功能菌及其形成机制

### （一）慕萨莱思酿制过程中特征香气关键贡献优势功能菌

慕萨莱思酿制过程中优势功能菌（见第七章）与慕萨莱思关键香气化合物的相关性分析，得到（图6-11）：酿酒酵母（*S.cerevisiae*）、谷糠迟缓乳杆菌（*L.farraginis*）等为慕萨莱思关键香气化合物的功能微生物。其次哈萨克斯坦酵母（*K.humlills*）及植物乳杆菌（*L.plantarum*）对慕萨莱思关键香气化合物形成具有影响作用。很明显，慕萨莱思特征香气化合物呋喃酮的重要优势功能菌为酿酒酵母，谷糠迟缓乳杆菌是5-甲基糠醛的重要功能微生物。由上述可得：慕萨莱思优势产香功能菌为酿酒酵母和哈萨克斯坦酵母，优势产香功能细菌为植物乳杆菌、谷糠迟缓乳杆菌、不动杆菌属的未知种（图6-11）。

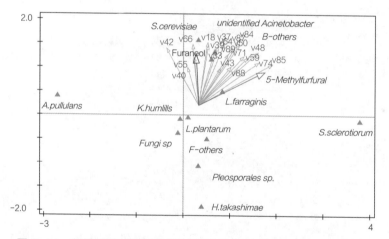

图6-11  慕萨莱思自然发酵中关键香气化合物与优势菌种之间相关性分析

注：X轴49.33%，Y轴11.19%。*S.cerevisiae*, 酿酒酵母；*L.farraginis*, 谷糠迟缓乳杆菌；*L.plantarum*, 植物乳杆菌；*K.humlills* 哈萨克斯坦酵母；*S.sclerotiorum*，核盘菌；*A.pullulans*，出芽短梗霉；*H.takashimae*，高岛氏胶珊瑚菌；*Pleosporales sp.*，葡萄座腔菌；unidentified Acinetobacter,不动杆菌的未知种；F-others, 其他真菌；B-others,其他细菌；Fungi sp., 某种真菌；Furaneol, 呋喃酮；5-Methylfurfural, 5-甲基糠醛。

### （二）慕萨莱思优势产香功能菌产5-甲基糠醛和呋喃酮评价

与关键香气高度相关的优势菌酿酒酵母、哈萨克斯坦酵母、谷糠迟缓乳杆菌和植物乳杆菌，对慕萨莱思特征香气化合物（呋喃酮和5-甲基糠醛）的产香特性分析得到（图6-12）：所有发酵酒样中的5-甲基糠醛和呋喃酮的浓度明显高于对照组

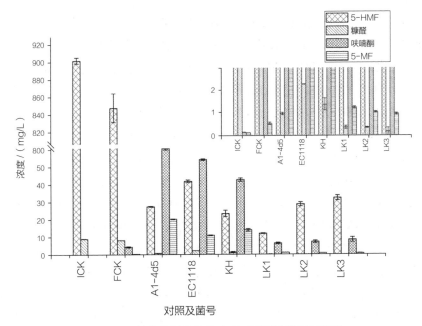

**图 6-12 慕萨莱思优势菌产 5-甲基糠醛和呋喃酮**

注：ICK，起始对照：灭菌和田红浓缩葡萄汁；FCK，发酵终了对照，即无接种 ICK 在与发酵样品同条件下放置 115d；A1-4d5，本土慕萨莱思酿酒酵母菌株；EC1118，商用酿酒酵母菌株；KH，哈萨克斯坦酵母菌株；LK1 和 LK2，谷糠迟缓乳杆菌菌株；LK3，植物乳杆菌菌株。

ICK 和 FCK，证明两种化合物通过微生物发酵可大量生成；优势真菌（酵母菌）对呋喃酮和 5-甲基糠醛的累积程度显著高于优势细菌（乳酸菌）；LK3 产呋喃酮略高于 LK1 和 LK2，而 LK1 和 LK2 产 5-甲基糠醛略高于 LK3，再次证明，在细菌群中，谷糠迟缓乳杆菌为 5-甲基糠醛的优势功能菌。综合分析，酿酒酵母在慕萨莱思酿制过程中为产香优势菌，同时对特征香气贡献度也高于其他菌种，为慕萨莱思第一优势产香功能菌。同时，与对照 ICK、FCK 相比，所有接种发酵的慕萨莱思样品，5-羟甲基糠醛（5-HMF）浓度明显降低。食品中浓度过高的 5-HMF 对人体具有一定安全隐患，而慕萨莱思自然发酵可降低浓缩汁中 5-HMF 的浓度，增加慕萨莱思的安全性。

## （三）慕萨莱思酿制过程中呋喃酮形成途径

6 组慕萨莱思微酿中，比较所用原料，葡萄汁（G1、G3、G4）中的呋喃酮 <2mg/L（图 6-13）。马奶子葡萄汁（G4）中呋喃酮的浓度显著低于和田红葡萄汁（G1 和 G3）（$P<0.05$）（图 6-13）。和田红葡萄汁与其皮渣浸提物的混合液（G2）中呋喃酮浓度略低于 G1。模拟葡萄汁不含呋喃酮，但葡萄汁模拟液（Sb）中呋喃酮浓度为（1.40±0.14）mg/L（图 6-13，Ⅵ组）。

在葡萄汁浓缩过程中，呋喃酮浓度随着浓缩进程而增加。在葡萄汁浓缩液中呋喃酮浓度远高于葡萄汁模拟液中呋喃酮浓度。随着发酵进程，各微酿组呋喃酮明显增加，且呋喃酮浓度排序为：Ⅰ～Ⅳ组（浓缩葡萄汁微酿组）＞Ⅵ组（葡萄汁模拟液微酿组）＞Ⅴ组（葡萄汁自然发酵组）。各微酿组发酵原酒在储存期中，呋喃酮浓度也同样明显提高。Ⅰ～Ⅳ组的原酒储藏为 90～256 天不等，呋喃酮浓度均超过 100mg/L。Ⅴ组分别储藏的 256 天和 245 天，呋喃酮浓度分别达到（27.47±0.07）mg/L 和（23.32±0.165）mg/L。在Ⅵ组，由 Sb 原酒储藏到 114 天，呋喃酮浓度超过 40mg/L，明显高于Ⅴ组（图 6-13）。比较Ⅰ～Ⅳ组储藏 90 天的呋喃酮浓度，Ⅱ组的呋喃酮浓度最高，其次是Ⅲ组，Ⅳ组的呋喃酮浓度显著低于其他三组。对于接种不同发酵剂的微酿组，不论接种Ⅲ组，还是Ⅵ组，两种接种物之间的发酵液，呋喃酮浓度无明显差异。

通过 6 组微酿实验，均观察到呋喃酮浓度随酿制过程而增加，即在浓缩过程、接种和自然发酵过程中增加，在储藏期持续保持增长。基于葡萄原料，不同品种葡萄（和田红和马奶子）、葡萄不同成熟期（9 月和 10 月），用不同浓缩方式（加入皮渣浸提物之后浓缩和纯葡萄汁浓缩）和接种方式（自然发酵），所生成的呋喃酮浓度均明显高于模拟汁的浓缩物及其发酵产品，而后者又高于未浓缩的葡萄汁自然发酵。

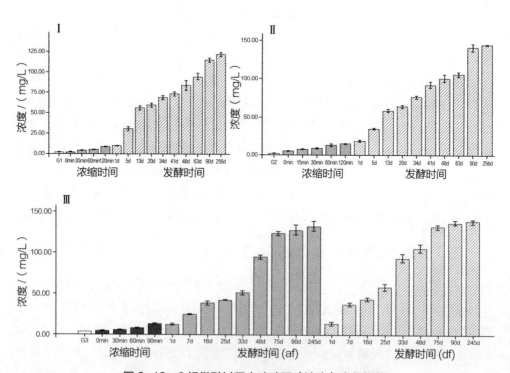

图 6-13　6 组微酿过程中呋喃酮（浓度）变化规律

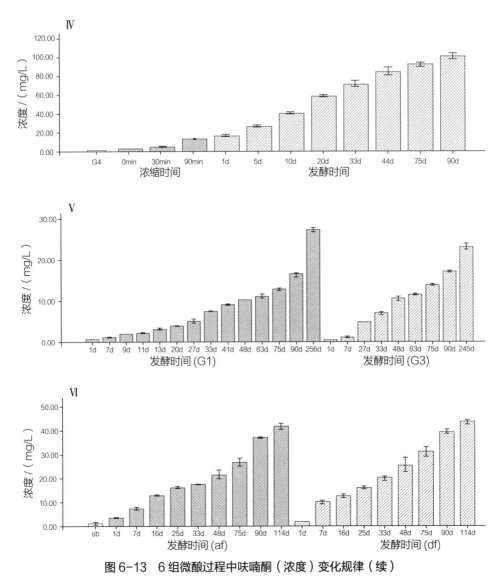

图 6-13　6 组微酿过程中呋喃酮（浓度）变化规律（续）

注：Ⅰ～Ⅳ为浓缩葡萄汁微酿组，其中 G1 和 G3 为和田红葡萄汁，G2 为和田红葡萄汁与其皮渣浸提物的混合液；G4 为马奶子葡萄汁；Ⅴ为葡萄汁自然发酵组；Ⅵ为葡萄汁模拟液微酿组；sb 为葡萄汁模拟液；af 为接种作坊采集的慕萨莱思旺盛期发酵液；df 为接种工厂采集的慕萨莱思旺盛期发酵液。

## （四）结合态呋喃酮酶解和酸解分析

呋喃酮在葡萄汁自然发酵中产生（图 6-13，Ⅴ组）。对比葡萄汁浓缩物发酵和模拟葡萄汁浓缩物发酵，前者产生更多呋喃酮（图 6-13），这表明葡萄汁中可能存在呋喃酮（BF）。为了验证这一点，通过酶解或热酸水解慕萨莱思酿制过程中样品的

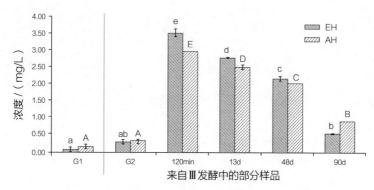

图 6-14　结合态呋喃酮（BF）酶解与酸解浓度

注：EH，酶解（AR 2000 糖苷酶，40℃，16h）；AH，酸解（100℃1h，pH 4.0）。a、b、c、d：EH 之间具有显著差异（$P<0.05$）；A、B、C、D：AH 之间具有显著差异（$P<0.05$）。

提取物，均有不同程度的呋喃酮释放（图 6-14）。葡萄汁 G1 中 BF 浓度略高于葡萄汁与皮渣提取物的混合物 G2，二者含量分别为（0.18 ± 0.07）mg/L 和（0.10 ± 0.08）mg/L。将 G2 浓缩 120 分钟，BF 酶解释放高达（3.51 ± 0.13）mg/L，酸解释放高达（2.97 ± 0.01）mg/L，显著高于浓缩前 G2 中 BF 释放量（$P<0.05$），说明浓缩可以使 BF 大量释放。G2 浓缩 120min 后的 13d、48d、90d 自然发酵液中，BF 呋喃酮浓度随发酵时间延长而显著降低（$P<0.05$）。虽然酶解和热酸水解释放出不同浓度的呋喃酮，但两种方法呋喃酮释放量在分析样品中均呈现相同趋势。

由于非生物和生物因素的复杂相互作用，使得慕萨莱思呋喃酮浓度远高于目前报道的其他酒精饮料中的呋喃酮浓度。葡萄酒中呋喃酮含量从微量到 3.5mg/L 不等（取决于葡萄品种），啤酒中的呋喃酮含量为 2.0～8.0mg/L，草莓酒中的呋喃酮含量为 6.6mg/L。呋喃酮在慕萨莱思中 OAVs≥405、FDs≥512，为慕萨莱思特征香气代表性关键的化合物，其形成与慕萨莱思酿制工艺具有密切关系。

### （五）慕萨莱思中呋喃酮形成途径

前述研究结果与文献报道相结合，得到慕萨莱思中呋喃酮的形成有如下可能途径（图 6-15）：NEB 反应、BF 酸水解、NEB 产物的微生物转化、常温下 NEB 产物少量的化学转化、1，6- 二磷酸果糖（FDP）的生物转化或化学转化。这些途径在慕萨莱思酿制过程中具体有：葡萄汁浓缩过程中 BF 酸水解和 NEB 反应；发酵过程中 NEB 产物的微生物转化和少量的非生物转化、BF 酶释放和酸水解，及可能的 FDP 微生物转化和化学转化；陈酿期间 NEB 产物的化学转化和微生物转化，BF 的继续酸水解。在慕萨莱思酿制过程中，呋喃酮生成于葡萄汁浓缩过程，大量累积于发酵和陈酿过程，形成机制表现为：葡萄汁浓缩过程中 NEB 和 BF 酸水解；发酵和陈酿过程中

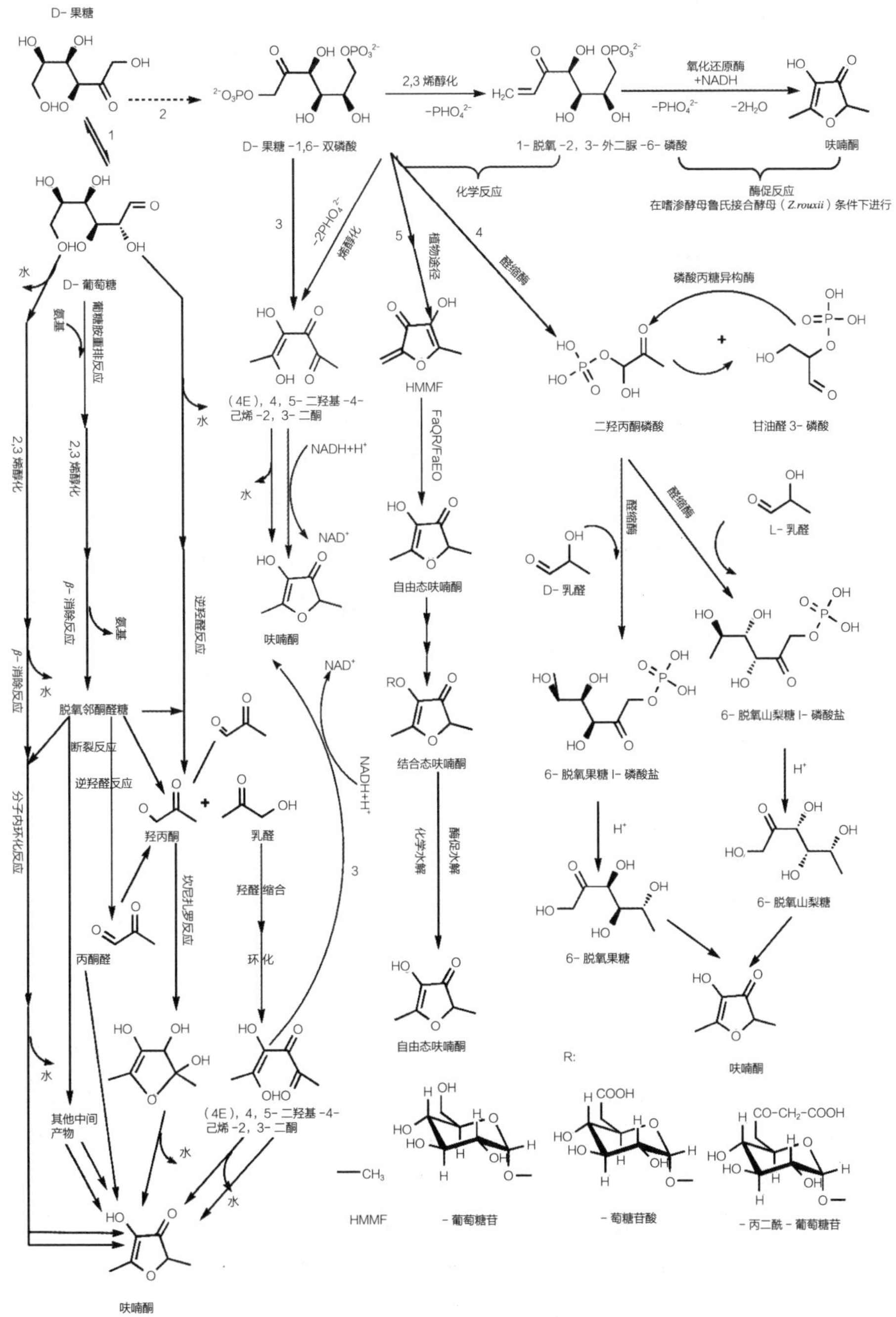

图 6-15　慕萨莱思酿制过程中呋喃酮多条形成途径

注：FaQR：草莓醌氧化还原酶；FaEO：草莓烯酮氧化还原酶；HMMF：4- 羟基 - 甲基 -3（2H）- 呋喃酮。

1：热解途径；2：酶解 + 微生物转化；3：室温自发途径；4：工业酶合成途径；5：植物合成途径。

NEB 产物的生物转化和少量的化学转化，BF 酶释放和酸水解；FDP 微生物转化和化学转化（可能）；储存期间室温下上述复杂途径的生物（酶）转化与化学转化。这些途径对呋喃酮累积量从高到低可能顺序为：发酵与陈酿过程中 NEB 产物的微生物转化，及 BF 微生物酶解和酸水解；浓缩过程中的 NEB 反应和 BF 酸水解。

## 五、总结

慕萨莱思具有浓郁的干果香、果香、果酱香及焦糖香，植物香和花香不足，主要来自 23 种关键香气化合物。其中，呋喃酮和 3-羟基苯丙酸乙酯为干果香关键化合物，5-甲基糠醛和糠醛为焦糖香关键化合物，甲硫醇和苯乙酸乙酯为果酱香关键化合物，$\beta$-苯乙醇、$\beta$-里那醇、反式异丁香酚和 $\beta$-香茅醇为花香的关键香气化合物，辛酸表现出植物（中药）香气，酯类化合物为果香关键香气化合物。呋喃酮、5-甲基糠醛和甲硫醇三者香型相近且协同互作，在酒精度 12% vol 模拟葡萄酒中阈值分别为 190μg/L、45μg/L 和 382μg/L，在酒精度 12%vol 慕萨莱思脱香液中阈值分别为 97.580μg/L、798.950μg/L 和 196.533μg/L，在酒精度 8%~14%vol 和糖度 6.4~7.9° Bx 阈值无显著差异（$P > 0.05$）。

慕萨莱思酿制过程中共鉴定出 13 个类别共 130 种挥发性化合物，其中酯类最多，其次是呋喃类。来自葡萄汁的 C6 类、C13- 降异戊二烯类、萜烯类等化合物在浓缩过程中浓度降低，这是慕萨莱思植物香、花香等较弱的原因；呋喃类等 35 种化合物在葡萄汁浓缩过程中明显增加，奠定了慕萨莱思独特的焦糖香气；近 30 种化合物在发酵过程中明显降低，而 5-甲基糠醛、呋喃酮等在发酵和储藏过程中持续增加；近 100 种挥发性化合物在发酵和陈酿过程中不同程度增加，高浓度酯类赋予慕萨莱思浓郁的果香。

在慕萨莱思酿制过程中，呋喃酮化学与生物学形成机制表现为：葡萄汁浓缩过程中非酶促褐变和结合态呋喃酮酸水解；发酵和陈酿过程中非酶促褐变产物的生物转化和少量的化学转化，结合态呋喃酮酶释放和酸水解；1, 6- 二磷酸果糖（FDP）微生物转化和化学转化（可能）；储存期间室温下上述复杂途径的生物（酶）转化与化学转化。

传统慕萨莱思的果香和花香高于现代慕萨莱思，现代慕萨莱思焦糖香、植物香和烘焙香明显强于传统慕萨莱思，其主要原因是：传统慕萨莱思中酯类、脂肪酸、挥发性酚类、萜烯类、内酯类和降异戊二烯类浓度高于现代慕萨莱思，而现代慕萨莱思中醇类、呋喃酮和甲硫醇含量高于传统慕萨莱思。葡萄渣的提取、葡萄汁浓度、微生物群落的多样性和可变参数（如氧气水平和发酵温度）是影响现代慕萨莱思感官和化学变化的主要因素。

# 第七章

## 慕萨莱思酿造过程中微生物变化规律

## 一、概述

慕萨莱思自然发酵，体现了慕萨莱思为天然发酵产品的本质。理论上，浓缩后的葡萄汁没有活性微生物的存在，但为何慕萨莱思还能自然发酵形成美味的酒精饮品？这一直是新疆慕萨莱思最为神秘之处。对此，本章节从微生物菌群结构特征、优势菌的遗传与酿酒特性及应用潜力等方面，揭开慕萨莱思中自然微生物群落之谜。

## 二、慕萨莱思微生物群落特征

### （一）基于培养法慕萨莱思自然发酵过程中微生物菌群分布特征

#### 1. 酵母菌菌群特征

采用传统分离鉴定法，从慕萨莱思的酿制原料、原料处理液及自然发酵液进行分离鉴定，慕萨莱思相关酵母菌形态特征丰富多样（图7-1），2008年从新疆阿瓦提县古作坊慕萨莱思鉴定到8个属14个种，其中酿酒酵母为优势种，非酿酒酵母13个种［图7-2（a）］。相关非酿酒酵母有耐热克鲁维酵母（*L. thermotolerans*），葡萄汁有孢汉逊酵母（*H. uvarum*），葡萄酒有孢汉逊酵母（*H. vineae*），季也蒙毕赤酵母（*M. guilliermondii*），异常威克汉姆酵母（*W. anomalus*），泽普林假丝酵母（*C. zemplinina*），克鲁维毕赤酵母（*P. kluyveri*），东方伊萨酵母（*I. orientalis*），孢子眼毕赤酵母（*P. sporocuriosa*），膜醭毕赤酵母（*P. membranifaciens*），盔形毕赤酵母（*P. manshurica*），美极梅奇酵母（*M. pulcherrima*），核果梅奇酵母（*M. fructicola*）等，其中，有孢汉逊酵母（*H. uvarum*，*H. vineae*）为非酿酒酵母优势菌，毕赤酵母（*P. spp.*）

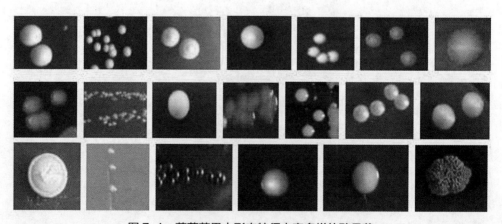

图7-1　慕萨莱思中形态特征丰富多样的酵母菌

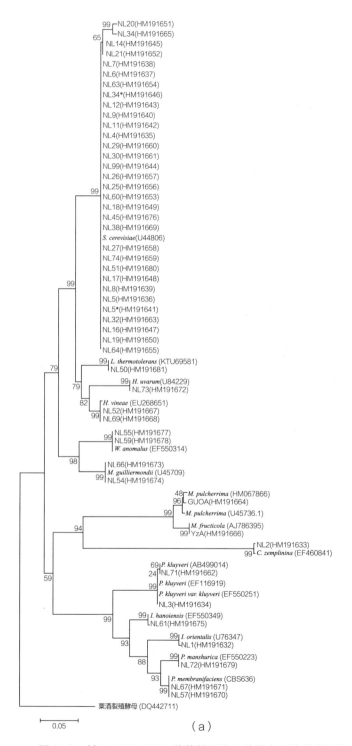

图 7-2　基于 26S rDNA 慕萨莱思酵母菌代表菌株菌群结构

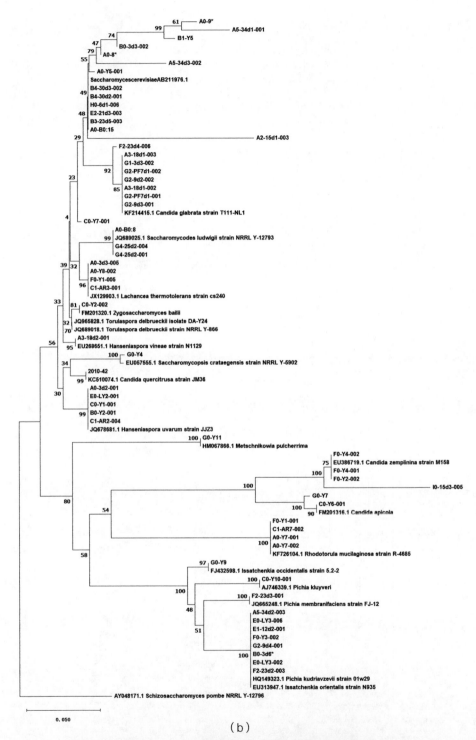

（b）

图 7-2　基于 26S rDNA 慕萨莱思酵母菌代表菌株菌群结构（续）

为非酿酒酵母第二大类；孢子眼毕赤酵母为非酵母葡萄酒酿酒中稀有菌种。上述非酿酒酵母种类数在发酵过程中分布不同，果皮＞压榨汁≥皮渣汁＞初始发酵液＞自然发酵。经过长时间熬煮并自然冷却后的初始发酵液，菌数与种类数明显减少；其中，泽普林假丝酵母，库德里阿兹威毕赤酵母，克鲁维毕赤酵母间歇进入发酵过程。酿酒酵母为慕萨莱思自然发酵过程中唯一优势菌，自第 4 天开始启动发酵（$10^6$cfu/mL）、第 9 天进入旺盛期（$10^8$cfu/mL），以数量级 $10^7 \sim 10^8$cfu/mL 进入后熟期，直至 44 天左右成熟，其浓度依然维持高位（$10^6$cfu/mL）（表 7-1）。但酿酒酵母在果皮、压榨汁与皮渣汁中未检测到，与诸多研究相符。从储藏期（45 天之后）的慕萨莱思中分离到大量的酿酒酵母，说明慕萨莱思酿酒酵母具有较高的耐酒精能力。慕萨莱思浓缩工艺使自然发酵中微生物种类很少，但优势菌酿酒酵母突出，其菌数量具有波动性。

2012 年从 8 个作坊（含厂家）分离得到 10 个属 17 个种［图 7-2（b）］，与 2008 年分离鉴定结果［图 7-2（a）］相比，新增酵母菌种类为光滑假丝酵母（*C. glabrata*）、戴尔有孢圆酵母（*T. delbrueckii*），拜耳结合酵母（*Z. bailii*），扣囊复膜酵母（*S. fibuligera*），路德维希氏酵母（*S. ludwigii*），胶红酵母（*R. mucilaginosa*），柠檬性假丝酵母（*C. apicola*），西方伊萨酵母（*I. occidentalis*），累计鉴定到 13 个属 22 个酵母菌种。对比图 7-2（a）与图 7-2（b）两个系统发育树，构架相对稳定，说明外部因素（如带菌的葡萄原料）对慕萨莱思菌群结构影响较小。从 2012 年分离鉴定结果来看，阿瓦提县慕萨莱思酵母菌的优势类群为酵母属，共有 3 个种，其中酿酒酵母为优势种，占总鉴定菌株的 78.4%（表 7-2），酿酒酵母亦是阿瓦提县的广布种，在 8 个生产厂家及作坊中的各发酵时期都有发现（表 7-3）。上述结果再次表明酿酒酵母为慕萨莱思稳定的优势菌群。

## 2. 细菌菌群特征

通过生化与形态鉴定获得，慕萨莱思自然发酵过程中的细菌菌群（表 7-4），涉及假单胞菌属、乳杆菌属、芽孢杆菌属、微球菌属、醋酸杆菌属及葡糖杆菌属，其中芽孢杆菌属及乳杆菌属存在着种间多样性。基于葡萄汁的浓缩过程，慕萨莱思自然发酵过程中细菌菌群变化具有独特之处，所有菌群维持在 300cfu/mL 以内，丰度远远低于葡萄酒自然发酵。发酵前期（5d）几乎没有检测到细菌，在发酵旺盛期（9d）至发酵结束（15～19d）及后熟期（35d），假单胞菌属为慕萨莱思自然发酵过程的优势菌。乳酸菌属在发酵期、后熟期均存在。醋酸杆菌属主要集中在发酵后期及成熟前期，且丰度仅次于假单胞菌属。微球菌属、葡糖杆菌属及芽孢杆菌属，在慕萨莱思自然发酵及后熟过程中均低丰度存在。慕萨莱思自然发酵过程中细菌菌群丰度偏低，其重要原因是葡萄汁的浓缩工艺，同时兼顾有葡萄汁的低酸、高渗透压、低氮营养物、高酒精量累积等不利的生存条件。

表 7-1 慕萨莱思自然发酵过程中酵母菌菌群变化规律（cfu/mL）（2018 年）

| 酵母菌种 | 葡萄 | 葡萄汁 | 皮渣汁 | 0d（IFJ） | 4d | 9d | 11d | 14d | 18d |
|---|---|---|---|---|---|---|---|---|---|
| 酿酒酵母 | 0 | 0 | 0 | 22±1.73 | $3.21\pm0.92$ $\times10^6$ | $1.51\pm0.53$ $\times10^8$ | $2.77\pm0.15$ $\times10^7$ | $4.9\pm0.38$ $\times10^7$ | $4.76\pm4.62$ $\times10^8$ |
| 耐热克鲁维酵母 | $1.18\pm0.64$ $\times10^4$ | $3.12\pm1.7$ $\times10^4$ | $5.02\pm0.67$ $\times10^2$ | 10.5±0.7 | 0 | 0 | 0 | 0 | 0 |
| 有孢汉逊酵母 | $5.74\pm0.96$ $\times10^4$ | $3.73\pm0.18$ $\times10^7$ | $7.96\pm3.41$ $\times10^4$ | 0 | 0 | 0 | 0 | 0 | 0 |
| 异常威克汉姆酵母 | Pre. | 0 | Pre | 20±1.0 | 0 | 0 | 0 | 0 | 0 |
| 季也蒙毕赤酵母 | $4.0\pm1$ $\times10^4$ | 0 | 0 | 0 | 0 | 0 | 0 | 0 | 0 |
| 美极梅奇酵母 | $3.81\pm0.49$ $\times10^4$ | $1.8\pm0.14$ $\times10^2$ | $5.00\pm1.41$ $\times10^2$ | 0 | 0 | 0 | 0 | 0 | 0 |
| 泽普林假丝酵母 | $5.03\pm0.42$ $\times10^2$ | $4.02\pm0.13$ $\times10^4$ | $1.03\pm0.48$ $\times10^4$ | 12±2.82 | $1.01\pm0.23$ $\times10^4$ | $2.24\pm0.08$ $\times10^4$ | 0 | 0 | 0 |
| 孢子眼毕赤酵母 | 0 | 0 | 0 | Pre. | 0 | 0 | 0 | — | 0 |
| 东方伊萨酵母 | 0 | $2.01\pm0.5$ $\times10^2$ | 0 | 0 | $1.12\pm0.78$ $\times10^4$ | 0 | 0 | 0 | 0 |
| 克鲁维毕赤酵母 | $3.00\pm0.70$ $\times10^2$ | 0 | 0 | 0 | — | 0 | 0 | — | 0 |
| 盔形毕赤酵母 | $1.06\pm0.68$ $\times10^2$ | $1.81\pm0.09$ $\times10^2$ | 0 | 25±8.66 | 0 | 0 | 0 | 0 | 0 |
| 膜醭毕赤酵母 | $1.1\pm0.88$ $\times10^2$ | $1.80\pm0.70$ $\times10^2$ | 24±5 | Pre. | 0 | 0 | 0 | 0 | 0 |
| 总计 | $1.59\pm0.38$ $\times10^5$ | $3.81\pm0.18$ $\times10^7$ | $9.25\pm0.97$ $\times10^4$ | $45.27\pm$ $27.86$ | $6.44\pm1.99$ $\times10^6$ | $2.53\pm0.55$ $\times10^8$ | $2.77\pm0.15$ $\times10^7$ | $8.67\pm3.01$ $\times10^7$ | $4.76\pm4.62$ $\times10^8$ |

续表

| 酵母菌种 | 21d | 25d | 28d | 32d | 35d | 39d | 44d | 62d | 90d |
|---|---|---|---|---|---|---|---|---|---|
| 酿酒酵母 | $3.79\pm1.75\times10^7$ | $5.90\pm0.23\times10^8$ | $1.20\pm0.22\times10^8$ | $4.9\pm0.32\times10^8$ | $5.20\pm0.47\times10^7$ | $2.07\pm0.25\times10^7$ | $3.63\pm0.05\times10^6$ | $6.00\pm0.52\times10^4$ | $1.78\pm0.52\times10^3$ |
| 耐热克鲁维酵母 | 0 | 0 | 0 | 0 | 0 | 0 | 0 | 0 | 0 |
| 有孢汉逊酵母 | 0 | 0 | 0 | 0 | 0 | 0 | 0 | 0 | 0 |
| 异常威克汉姆酵母 | 0 | 0 | 0 | 0 | 0 | 0 | 0 | 0 | 0 |
| 季也蒙毕赤酵母 | 0 | 0 | 0 | 0 | 0 | 0 | 0 | 0 | 0 |
| 美极梅奇酵母 | 0 | 0 | 0 | 0 | 0 | 0 | 0 | 0 | 0 |
| 泽普林假丝酵母 | 0 | $5.21\pm0.45\times10^4$ | 0 | 0 | 0 | 0 | 0 | 0 | 0 |
| 孢子眼毕赤酵母 | 0 | 0 | 0 | 0 | 0 | 0 | 0 | 0 | 0 |
| 东方伊萨酵母 | 0 | 0 | 0 | 0 | 0 | 0 | 0 | 0 | 0 |
| 克鲁维毕赤酵母 | 0 | 0 | 0 | 0 | 0 | 0 | 0 | 0 | 0 |
| 盔形毕赤酵母 | 0 | 0 | 0 | 0 | 0 | 0 | 0 | 0 | 0 |
| 膜醭毕赤酵母 | 0 | 0 | 0 | 0 | 0 | 0 | 0 | 0 | 0 |
| 总计 | $3.79\pm1.75\times10^7$ | $6.18\pm2.56\times10^8$ | $1.20\pm0.22\times10^8$ | $4.9\pm0.32\times10^8$ | $5.20\pm0.47\times10^7$ | $2.07\pm0.25\times10^7$ | $3.63\pm0.05\times10^6$ | $6.00\pm0.52\times10^4$ | $1.78\pm0.52\times10^3$ |

表 7-2　阿瓦提县酵母菌分离鉴定结果（2012 年）

| 阿瓦提县分离鉴定菌种名 | 菌株数 |
|---|---|
| 酿酒酵母 | 167 |
| 戴尔有孢圆酵母 | 1 |
| 光滑假丝酵母 | 7 |
| 路德维希氏酵母 | 3 |
| 拜耳结合酵母 | 1 |
| 葡萄酒有孢汉逊酵母 | 1 |
| 葡萄汁有孢汉逊酵母 | 5 |
| 扣囊复膜酵母 | 1 |
| 胶红酵母 | 4 |
| 克鲁维毕赤酵母 | 1 |
| 西方伊萨酵母 | 1 |
| 膜醭毕赤氏酵母 | 1 |
| 东方伊萨酵母 | 9 |
| 美极梅奇酵母 | 1 |
| 柠檬假丝酵母 | 2 |
| 泽普林假丝酵母 | 4 |
| 耐热克鲁维酵母 | 4 |

表 7-3　慕萨莱思酵母菌在不同厂家或作坊的分布（2012 年）

| 编号 | 菌种编号 | | | | | | | | | | | | | | | | | 总计 |
|---|---|---|---|---|---|---|---|---|---|---|---|---|---|---|---|---|---|---|
| | 1 | 2 | 3 | 4 | 5 | 6 | 7 | 8 | 9 | 10 | 11 | 12 | 13 | 14 | 15 | 16 | 17 | |
| A | √ | | √ | | | √ | √ | | √ | | | | √ | | | | √ | 7 |
| B | √ | | | | | | √ | | | | | | √ | | | | | 3 |
| C | √ | √ | | | √ | | √ | | √ | √ | | | | √ | | | √ | 8 |
| E | √ | | | | | | | | | | | | √ | | | | | 2 |

续表

| 编号 | 菌种编号 | | | | | | | | | | | | | | | | | 总计 |
|---|---|---|---|---|---|---|---|---|---|---|---|---|---|---|---|---|---|---|
| | 1 | 2 | 3 | 4 | 5 | 6 | 7 | 8 | 9 | 10 | 11 | 12 | 13 | 14 | 15 | 16 | 17 | |
| F | √ | | | | | | √ | | √ | | | √ | √ | | | √ | | 6 |
| G | √ | | √ | √ | | | | √ | | | √ | √ | √ | √ | | | √ | 9 |
| H | √ | | | | | | | | | | | | | | | | | 1 |
| I | √ | | | | | | | | | | | | √ | | | | | 2 |

注：A-C、E-I 表示各采样厂家及作坊代称；菌种编号：1. 酿酒酵母；2. 戴尔有孢圆酵母；3. 光滑假丝酵母；4. 路德维希氏酵母；5. 拜耳结合酵母；6. 葡萄酒有孢汉逊酵母；7. 葡萄汁有孢汉逊酵母；8. 扣囊复膜酵母；9. 胶红酵母；10. 克鲁维毕赤酵母；11. 西方伊萨酵母；12. 膜醭毕赤氏酵母；13. 东方伊萨酵母；14. 美极梅奇酵母；15. 柠檬假丝酵母；16. 泽普林假丝酵母；17. 耐热克鲁维酵。√ 表示分离得到。

表7-4　慕萨莱思自然发酵过程细菌群落变化规律（cfu/mL）

| 菌号 | 时间 /d | | | | | | | | | | | | | | |
|---|---|---|---|---|---|---|---|---|---|---|---|---|---|---|---|
| | 5 | 6 | 9 | 12 | 15 | 19 | 22 | 26 | 29 | 32 | 35 | 38 | 42 | 47 | 61 |
| 假单胞菌属 | 0 | 0 | 17 | 66 | 275 | 166 | 66 | 52 | 45 | 33 | 15 | 0 | 0 | 0 | 0 |
| 葡糖杆菌属 | 0 | 0 | 5 | 0 | 0 | 0 | 0 | 1 | 0 | 3 | 0 | 1 | 0 | 0 | 0 |
| 芽孢杆菌属 | 0 | 1 | 0 | 0 | 0 | 0 | 2 | 4 | 0 | 2 | 0 | 0 | 0 | 1 | 0 |
| 微球菌属 | 0 | 0 | 1 | 14 | 0 | 0 | 0 | 1 | 0 | 0 | 0 | 1 | 1 | 0 | 0 |
| 醋酸杆菌属 | 0 | 0 | 0 | 0 | 1 | 6 | 21 | 3 | 0 | 0 | 3 | 0 | 0 | 0 | 0 |
| 乳杆菌属 | 0 | 2 | 0 | 1 | 0 | 0 | 2 | 1 | 0 | 3 | 0 | 5 | 2 | 2 | 0 |
| 合计 | 0 | 3 | 18 | 81 | 276 | 172 | 81 | 62 | 45 | 42 | 18 | 6 | 3 | 3 | 0 |

## （二）基于免培养法慕萨莱思自然发酵过程中微生物群落演替规律

慕萨莱思不同发酵阶段中的样品（0～106d）进行微生物宏基因组序列分析，就真菌群落而言，子囊菌（*Ascomycota*）是慕萨莱思发酵过程中绝对优势菌［图7-3（a）］。在属水平上，以酵母属（*Saccharomyces*）和哈萨克斯坦酵母属（*Kazachstania*）为优势菌，并且在随后的发酵过程中依然是优势菌；在酒精发酵过程中，哈萨克斯坦酵母属占优势，而在储藏过程中，酵母属占绝对优势。在种水平上共筛选了7个优势菌种［图7-3（b）］，其中酿酒酵母和哈萨克斯坦酵母（*K. humilis*）在整个发酵样品中均有检测出，发酵初始（0d）分别占比20.11%和14.89%，2~21d过程中 *K. humilis* 为优势菌，而酿酒酵母在32~105d为优势种。在细菌方面，厚壁菌门（*Firmicutes*）和变形菌门（*Proteobacteria*）在丰度上表现出优势特性，且相互制约。两菌门对应的属为优势属，分别为乳酸杆菌属（*Lactobacillus*）和不动杆菌属（*Acinetobacter*），二者在所有样品中均存在［图7-3（c）］。同样，两优势属具有相互制约关系。在种水平上共获得了4种优势细菌［（图7-3（d）］，分别是杀鲑气单胞菌（*A. salmonicida*），谷

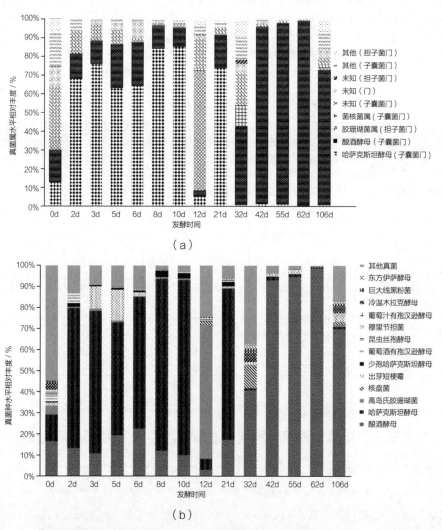

图7-3  慕萨莱思酿制过程中真菌（a，b）和细菌（a，b）的属（a，c）、种（b，d）分布

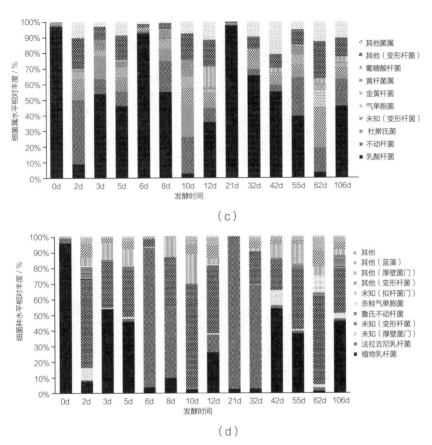

（c）

（d）

图7-3　慕萨莱思酿制过程中真菌（a，b）和细菌（a，b）的属（a，c）、种（b，d）分布（续）

糠迟缓乳杆菌（*L. farraginis*），植物乳杆菌（*L. plantarum*）及不动杆菌属（*Acinetobacter*）中的未知种（unidentified）。谷糠迟缓乳杆菌和植物乳杆菌成为相对优势菌。

## 三、慕萨莱思优质菌群 ——酿酒酵母遗传与发酵特性

### （一）酿酒酵母的遗传多样性

　　酿酒酵母为慕萨莱思自然发酵过程中的优势菌群，其多样性与发酵特性对慕萨莱思风味具有重要贡献。利用 Interdelta 指纹图谱对分离自新疆阿瓦提县不同酒厂的慕萨莱思中的 114 株酿酒酵母代表株进行区分，如图 7-4（a）所示，PCR 扩增产生了 38 种指纹图谱，展示了不同菌株间存在遗传差异。对供试菌株 Interdelta 指纹图谱进行 UPGMA（非加权组平均法）聚类分析，图 7-4（b）显示出不同发酵工艺的慕萨

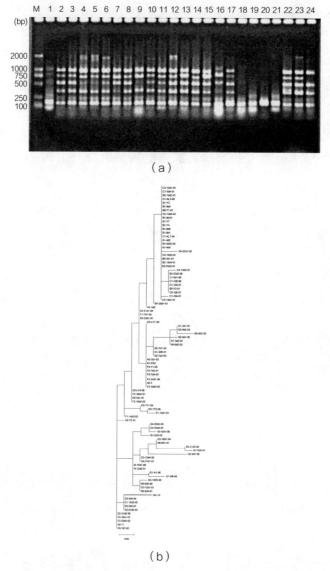

（a）

（b）

图 7-4 慕萨莱思酿酒酵母基因型的 Interdelta 指纹图谱（a）与聚类图（b）

莱思进行发酵时分离得到的酿酒酵母的基因型和数目差异明显，且各自所含优势型不同。以上结果说明，采集阿瓦提县不同发酵工艺的慕萨莱思样液所分离获得的酿酒酵母菌株具有丰富的遗传多样性，且菌株的多样性和发酵工艺有密切关系。

实验对 114 株酿酒酵母又进行了 4 个微卫星序列的扩增。结果显示，经 C4 位点扩增后共有 14 个基因型，C5 扩增聚类后共有 28 种基因型，C11 扩增聚类后共有 7 种基因型，而 C8 位点对酿酒酵母菌株没有明显的菌株区分能力。利用 UPGMA 法构建慕萨莱思生产厂家及作坊 8 个不同发酵工艺的遗传关系聚类（图 7-5），144 株菌在相似性系数为 1.0 时，区分为 63 个基因型，不同发酵工艺的菌株大部分都独聚为一类，部分不同发酵工艺的菌株交替排列聚类，但也有来自相同发酵工艺的部分菌株聚集在一起，这充分显示了阿瓦提县不同发酵工艺所获得的酿酒酵母菌株丰富的遗传多样性，其不仅表现在不同工艺的菌株中，相同发酵工艺的菌株间也有较多的遗传差异。

　　慕萨莱思酿酒酵母 Interdelta 指纹图谱，利用多维尺度分析（MDS）揭示了本土

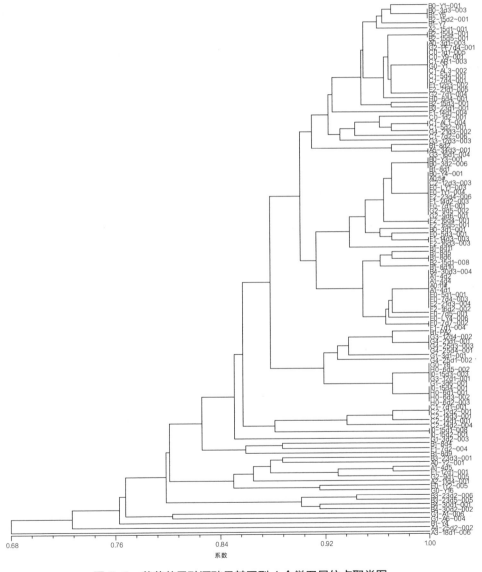

**图 7-5　慕萨莱思酿酒酵母基因型 4 个微卫星位点聚类图**

酿酒酵母的遗传多样性。图 7-6 中散点密度越分散，说明酿酒酵母遗传多样性越大，而越集中（如图中椭圆圈内），酿酒酵母多样性越低。很明显，来自工厂中的酿酒酵母（图 7-6 中椭圆圈内）多样性远不如来自传统作坊中酿酒酵母的多样性丰富，规模化工业生产可能对传统作坊慕萨莱思的酿酒酵母多样性具有同质作用，这在传统慕萨莱思工业化生产中，保护慕萨莱思微生物资源方面提供了充分的科学依据。

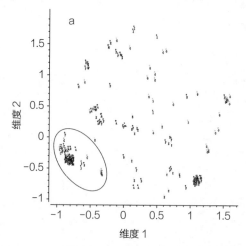

图 7-6　来自不同发酵模式 202 株本土酿酒酵母 MDS 分析

## （二）酿酒酵母的优质发酵特性

本土酿酒酵母菌株启动慕萨莱思的自发酵，并且是从发酵开始到结束唯一的优势种群，整个发酵过程几乎没有非酵母菌酵母或细菌的参与，这与其优质的发酵特性不可分割。

慕萨莱思酿酒酵母对适宜的环境具有很好的适应性，且生长迅速，这保证了传统工艺酿造慕萨莱思时，酿酒酵母能够快速起发，并且很快完成整个发酵过程。慕萨莱思酿酒酵母对胁迫条件也有较强的耐受性，这是慕萨莱思酿酒酵母在不同酿造工艺下能顺利完成发酵的重要原因，同时也是慕萨莱思在主发酵结束后容易进行二次发酵的主要原因。慕萨莱思酿酒酵母还具有除发酵产酒精外有利的代谢活动，如较强的果胶酶和 $\beta$-葡萄糖苷酶活性有利于提升发酵液稳定性和风味质量等品质；较少的不良产物，如生物胺、$H_2S$ 等有利于保证发酵液的安全性和感官特性。

436 株慕萨莱思本土酵母菌株与商用菌相比，表现出良好的胁迫耐受、酶活性、应激适应、发酵活力等特性（图 7-7）。大部分慕萨莱思酿酒酵母能在 13～45℃、酒

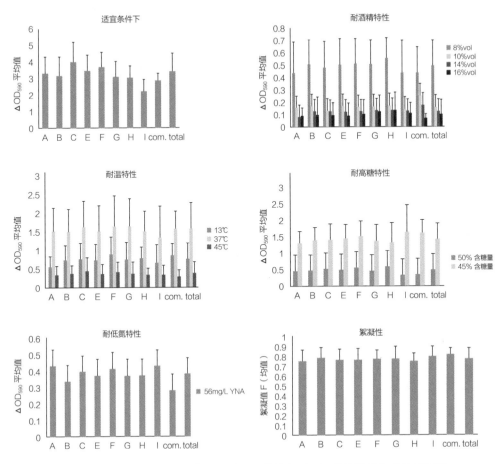

图 7-7　441 株酿酒酵母（含 5 株商业菌株）对不同胁迫发酵条件的耐受性

注：com，指商用酵母；total，指所有菌株；YNA，指基础氮源。

精度 8% ~ 16%vol、45% ~ 50% 含糖量环境中生存且生长量更高，对胁迫条件具有较好的耐受性。慕萨莱思酿酒酵母具有良好的起发特性且发酵速度快，92.43% 的菌株起发时间小于 12h；慕萨莱思酵母还具有很好的絮凝性及产酒力，普遍具有自溶性，大部分慕萨莱思酿酒酵母不产生物胺，产 $H_2S$ 的能力较弱（图 7-8）。工厂与作坊的酿酒酵母在发酵特性方面也表现出比较明显的不同（图 7-9），来自传统作坊的酿酒酵母对低温、酒精度具有很好的耐受性，而来自工厂的酿酒酵母对高温和高糖具有较好的耐受性（图 7-10）。对 41 株慕萨莱思酿酒酵母利用模拟葡萄汁在 18℃和 28℃下进行发酵，测其挥发性香气物质，聚类分析表明慕萨莱思酿酒酵母产香特性在高低温下具有明显的分化特征，且受来源（不同厂家或作坊）的影响，即不同厂家酿酒酵母产香特性具有不同（图 7-11），进一步证明传统慕萨莱思的风味多样性和不均一性。

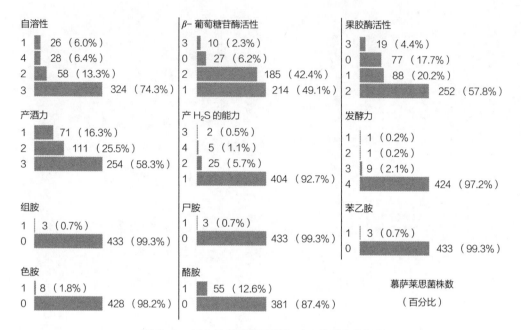

图7-8　436株慕萨莱思酿酒酵母代谢产物活性

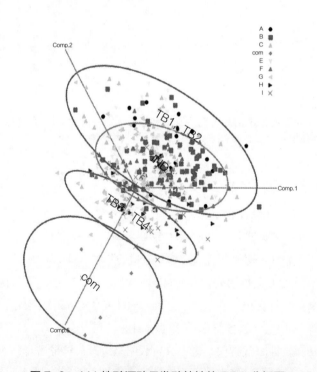

图7-9　441株酿酒酵母发酵特性的PCA分析图

注: A~C和E~I指不同厂家; com为商用酵母; TB1~TB4为传统作坊; IND为工厂; Comp 1, 2, 5为主成分。

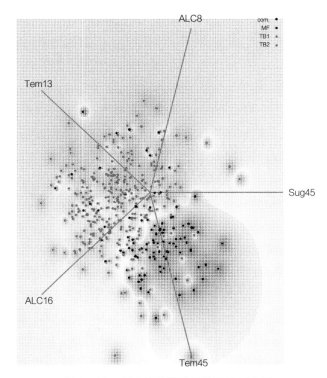

图 7-10　436 株菌发酵特性线投影分析

注: ALC, 酒精度 ( %vol ); Sug, 含糖量 ( % ); Tem, 温度 ( ℃ )。

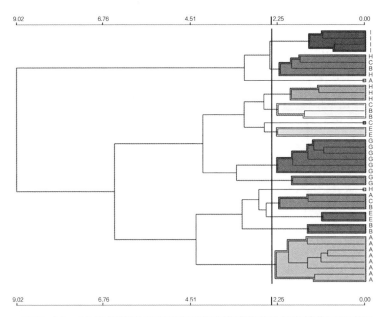

图 7-11　41 株慕萨莱思酿酒酵母发酵模拟葡萄汁挥发性物质聚类图

注: A, B, C, E, G, H, I 为菌编号, 表示该菌种的不同厂家或作坊来源。

## 四、慕萨莱思优良菌选育与应用

### （一）优良菌的选育

评价优良酿酒酵母菌株的主要标准是生长速率快、较高浓度的葡萄糖和对 $SO_2$ 的耐受性好，具备较高的酒精转化率、较好的发酵稳定性和能够完全发酵等特性。在实际生产中，酵母菌株应具有以下特点：生长温度最适范围 10～30℃，pH 值最适范围 3.2～5.4，耐受 12%～20%vol 的酒精度、20～50℃的温度、20%～50% 的含糖量、50～300mg/L 的 $SO_2$ 等，并且能够发酵生成 10%～17.5%vol 酒精量。慕萨莱思优质酵母的筛选也遵循同样原则。运用多元综合评价（灰色关联度法）对 441 株酵母菌（含 5 株商用菌）主要发酵特性（耐受性、起发性、发酵速度、产酒力等）进行加权关联度排序，并将各采集地排名靠前但产生物胺、$H_2S$ 或自溶性强的菌种剔除，初筛出 15 株优良菌株。为进一步比较酒精发酵后慕萨莱思的残糖量、酒精度、香气及菌体的凝结状态，挑选出发酵液符合慕萨莱思地方标准（残糖量在 4.7～7.35g/L，酒精度在 9.25%～11.35%vol）的 11 株酵母菌株。通过工厂（作坊）小型发酵试验（理化性质）结合感官评价筛选出了 3 株适合传统酿造工艺的优良菌株 G2-9d7-01、C1-7d3-02、C1-AR3-03，2 株适合现代酿造工艺的优良菌株 F1-7d2-04 及 E2-21d3-01。这些菌株发酵后的慕萨莱思醇香及香气总体特征突出，入口后滋味持久。此外，本土慕萨莱思酿酒酵母菌株中还存在具有特殊功能的优良酵母菌株，主要表现为高产酒精、降糖降酸、产果胶酶及葡萄糖苷酶等特性。

#### 1. 耐受酒精酵母

在酒精度高达 14%vol 的慕萨莱思中，常见到二次发酵的现象，说明慕萨莱思酿制过程中具有高产酒精与耐受高酒精度特性的酵母菌存在。利用微培养技术对 198 株高产酒精慕萨莱思酵母菌以及 5 株商用酵母菌进行耐受酒精定量分析，构建数学模型探明慕萨莱思高产酒精酵母群内耐受酒精的变化规律。结果显示，198 株慕萨莱思高产酒精酵母菌测试株中，耐受酒精 16%vol 的有 39 株，耐受酒精 14%vol 的有 108 株，耐受酒精 12%vol 的有 141 株，耐受酒精 10%vol 的有 183 株。测试酒精度由 10%vol 增至 16%vol，高产酒精酵母群体耐受酒精菌数减少了 3.5 倍，平均 $OD_{590}$ 值降低了 7.1 倍，最大耐受菌的 $OD_{590}$ 降低了 2.2 倍。随着测试酒精度的增加，耐受菌数和能力按图 7-12 中的模型规律进行递减。

与 5 株商用酵母菌比较，本土酵母对酒精度 14%～16%vol 的耐受度更高。来自慕萨莱思厂家或作坊的本土酵母，耐受酒精度 10%～14%vol 的酵母菌超过 50%，耐受酒精度 16%vol 的菌株占 30%～40%。由此说明，慕萨莱思酵母作为地方慕萨莱思

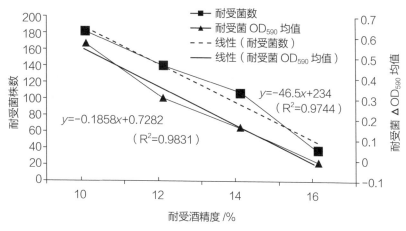

图 7-12 慕萨莱思酵母菌耐受酒精菌数与能力变化趋势

酵母资源，具有其优势特性；不同厂家或作坊酵母菌耐酒特性分布有差异性。本土酵母经过长期对地方特殊环境适应，具备能够赋予慕萨莱思特殊品质的特性，因此针对高产酒精酵母菌群耐受特性进行的分析，能为慕萨莱思的发酵工艺转变提供优良菌株，同时也为慕萨莱思传统自然混菌发酵工艺改进及其品质提高奠定了良好基础。

## 2. 降糖、降酸酵母

慕萨莱思中糖和酸含量相对过高，发酵后可能会导致酒体过于酸涩，口味粗糙，酒体不协调，感官特征复杂，稳定性不足，所以需对慕萨莱思进行严格的降糖、降酸处理。微生物降酸法具有独特优势，选育降酸及发酵能力强的酵母，应用到慕萨莱思发酵中，既不会对香气、口感及生物化学稳定性产生负面影响，也不会因仅作用于酒石酸而限制降酸幅度。经过初筛和复筛，从 50 株降糖特性菌和 50 株降酸特性菌中筛选获得 2 株降糖降酸效果优良的酿酒酵母 T-Y128-2 和 F2-P90-3，并将其应用于慕萨莱思发酵液中验证，降糖菌株 T-Y128-2 的发酵周期为 18d，糖度下降幅度为 29g/L，且在前 10d 下降速率较快；降酸菌株 F2-P90-3 在发酵的 12d 内酸度持续降低，下降幅度为 1g/L。

## 3. 产果胶酶、$\beta$-葡萄糖苷酶酵母

酿酒酵母能产生果胶酶和 $\beta$-葡萄糖苷酶。前者能够分解果胶，破坏葡萄组织，不仅能提高葡萄的出汁率，有利于葡萄酒的澄清，还能促进色素的萃取和色泽的稳定；后者能水解糖苷键，帮助释放葡萄中潜在的挥发性苷，丰富葡萄酒的香气和风味物质，是香气成分释放的关键酶。慕萨莱思独特的酿造工艺赋予酿酒酵母丰富的遗传多样性，具有潜在开发价值。

对慕萨莱思酿酒酵母产果胶酶和 $\beta$-葡萄糖苷酶活性进行聚类分析（图 7-13），

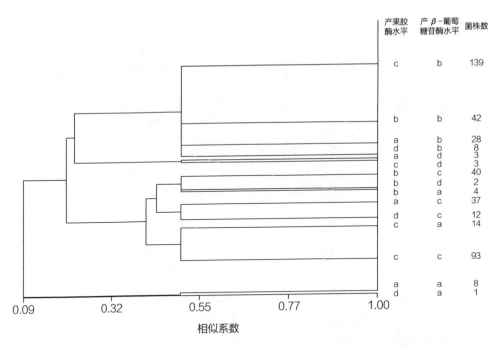

**图 7-13  慕萨莱思酿酒酵母产果胶酶特性与产 $\beta$-葡萄糖苷酶特性的聚类分析**

注: a, 不产果胶酶或不产 $\beta$-葡萄糖苷酶; b, 产果胶酶或产 $\beta$-葡萄糖苷酶特性弱; c, 产果胶酶或产 $\beta$-葡萄糖苷酶特性中等; d, 产果胶酶或产 $\beta$-葡萄糖苷酶特性强。

结果显示分离自不同厂家（或作坊）的 436 株慕萨莱思酿酒酵母普遍具有产果胶酶和 $\beta$-葡萄糖苷酶的活性，且主要分布于较弱（88 株，20.18%）和中等（251 株，57.57%）两个等级，其中，21 株慕萨莱思酿酒酵母产果胶酶的活性明显高于 5 株商用酵母，说明慕萨莱思酿酒酵母产果胶酶及 $\beta$-葡萄糖苷酶具有普遍性。慕萨莱思酿酒酵母的产酶特性与其分离时期及分离地点有密切关系，高产酵母主要集中在发酵前期和发酵中期。

**4. 产香酵母**

慕萨莱思具有典型的焦糖香气，其关键香气贡献物为呋喃类物质、2，5-二甲基-4-羟基-3（2H）-呋喃酮、5-甲基糠醛（5-MF）和 3-甲硫基丙醇（3-MTP），主要形成于发酵过程，这与微生物尤其是产香酵母的作用密不可分。产香酵母的筛选除了关注其发酵产生香气化合物的能力和发酵酒样感官品质之外，还应考察其酒精发酵、生长适应等基本特性。以酿酒特性、产香及相关耐受性实验从 436 株野生酿酒酵母中以权重筛选获得 3 株优良菌株 C1、F1、G2，3 株菌株发酵生长曲线、$CO_2$ 失重和可溶性固形物的变化趋势均符合慕萨莱思酿酒基本要求，其中 G2 菌生长活力旺盛。从图 7-14 可以看出，G2 菌发酵液产 5-MF 和 DMHF 香气含量最高，分

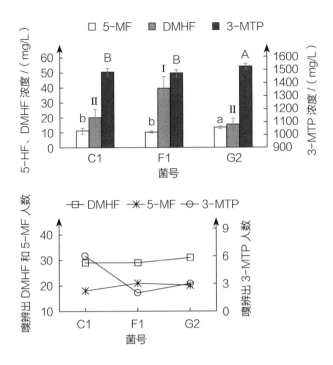

图 7-14　3 株菌产 5-MF、DMHF、3-MTP 能力比较
及微酿慕萨莱思中嗅辨出目标香的人数统计

别为 13.310mg/L 和 54.055mg/L，F1 菌发酵液产 3-MTP 香气含量最高，含量为
1354.072mg/L。感官嗅闻结果显示，G2 菌嗅辨出焦糖香结果更为明显。基于上述 3
种关键香气浓度及赋予慕萨莱思香气特征，判定 G2 菌是本研究中的高产慕萨莱思典
型香气的酿酒酵母菌株。

以新疆本土和田红葡萄为发酵原料，通过慕萨莱思酿造工艺分别接入实验室 65
株酵母菌进行慕萨莱思微酿，挑选出高产焦糖香菌株，65 株本土酵母菌中酵母菌
株克鲁维毕赤酵母（*P.kluyveri*）JFB2 产呋喃类物质表现最佳，该菌株微酿的慕萨
莱思中焦糖香物质（呋喃酮、乙酰呋喃、5-甲基糠醛）的活力值（OAVs）之和为
4199.36。比较特别的是，慕萨莱思酿酒酵母对 5-羟甲基糠醛的降解能力。5-羟甲基
糠醛是广泛存在于含糖量较高的食品中的一类潜在有害物质，主要来源如下：一方
面由氨基酸和还原糖发生美拉德反应生成，另一方面由糖的受热分解产生。慕萨莱
思分离中获得高降解 5-羟甲基糠醛拜耳接合酵母菌株 JCY2（*Z. Bailii*），其降解幅度
达到 0.840g/L，慕萨莱思中残余浓度（0.002g/L）符合美国香料和提取物制造商协会
（FEMA）的限量要求（0.010g/kg）。

### （二）优良菌的应用实例

#### 1. 单菌发酵

通过多级筛选，从 436 株慕萨莱思本土酿酒酵母中筛选出不产 $H_2S$、生物胺，高产酒精与多聚半乳糖醛酸酶及 $\beta$-葡萄糖苷酶，具有良好耐受性的 10 株酵母菌，采用现代发酵技术（MP）与传统发酵技术（TCW）进行纯菌发酵，评价发酵产品的理化特性（如糖度、酸度、酒精度）和感官品质（图 7-15、图 7-16）。结果显示，使用这些优良本土酵母菌株进行发酵使得自发发酵周期减少了 6~15d，感官评价的综合得分均显著高于商业菌株对照，所以这些菌株可适用于慕萨莱思的发酵生产中。另外，不同发酵模式下慕萨莱思发酵液的理化特性也有所差异，TCW 产品的糖含量高于 MP，而酒精度则低于 MP。感官评价显示 MP 模式下酵母发酵液同质化，而传统发酵技术能够使这些酵母发酵液保持多样性。

为建立产香酿酒酵母 G2 菌产 3 种关键香气的最优发酵工艺，通过单因素试验与响应面设计，研究不同发酵温度、浓缩葡萄汁糖度、接菌量及皮渣：水（g：L），观察酿酒酵母 G2 菌在不同条件下发酵 30d 后，产酒精含量及 5-MF、DMHF 和 3-MTP 香气情况，即发酵温度为 28℃、浓缩葡萄汁糖度 27° Bx、接菌量 4%、皮渣：水比例为 96：1（g：L）。此外，进一步实验室小试发酵结果显示，成品酒的滴定总糖含量为（46.12±1.420）g/L，总酸含量为（6.93±0.150）g/L，酒精度为（13.428±0.730）% vol，成品酒中还含有儿茶素、阿魏酸、白藜芦醇、槲皮素、谷氨酸和 $\gamma$-氨基丁酸等功能活性

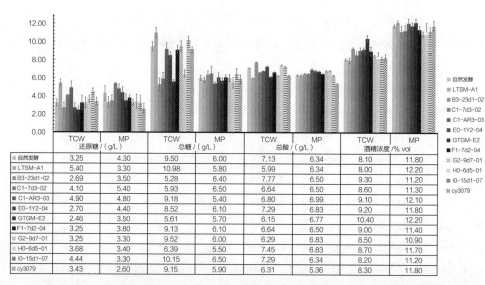

| | TCW 还原糖 / (g/L) | MP | TCW 总糖 / (g/L) | MP | TCW 总酸 / (g/L) | MP | TCW 酒精浓度 /% vol | MP |
|---|---|---|---|---|---|---|---|---|
| 自然发酵 | 3.25 | 4.30 | 9.50 | 6.00 | 7.13 | 6.34 | 8.10 | 11.80 |
| LTSM-A1 | 5.40 | 3.30 | 10.98 | 5.80 | 5.99 | 6.34 | 8.00 | 12.20 |
| B3-23d1-02 | 2.69 | 3.50 | 5.28 | 6.40 | 7.77 | 6.50 | 9.30 | 11.20 |
| C1-7d3-02 | 4.10 | 5.40 | 5.93 | 6.50 | 6.64 | 6.50 | 8.60 | 11.30 |
| C1-AR3-03 | 4.90 | 4.80 | 9.18 | 5.40 | 6.80 | 6.99 | 9.10 | 12.10 |
| E0-1Y2-04 | 2.70 | 4.40 | 8.52 | 6.10 | 7.29 | 6.83 | 9.20 | 11.80 |
| GTGM-E2 | 2.46 | 3.50 | 5.61 | 5.70 | 6.15 | 6.77 | 10.40 | 12.20 |
| F1-7d2-04 | 3.25 | 3.80 | 9.13 | 6.10 | 6.64 | 6.50 | 9.00 | 11.40 |
| G2-9d7-01 | 3.25 | 3.30 | 9.52 | 5.90 | 6.29 | 6.83 | 8.50 | 10.90 |
| H0-6d5-01 | 3.68 | 3.40 | 6.39 | 5.50 | 7.45 | 6.83 | 8.70 | 11.70 |
| I0-15d1-07 | 4.44 | 3.30 | 10.15 | 6.50 | 7.29 | 6.34 | 8.20 | 11.20 |
| cy3079 | 3.43 | 2.60 | 9.15 | 5.90 | 6.31 | 5.36 | 8.30 | 11.80 |

图例：自然发酵、LTSM-A1、B3-23d1-02、C1-7d3-02、C1-AR3-03、E0-1Y2-04、GTGM-E2、F1-7d2-04、G2-9d7-01、H0-6d5-01、I0-15d1-07、cy3079

**图 7-15 不同酿酒酵母在 TCW 和 MP 发酵模式下慕萨莱思发酵液的理化性质**

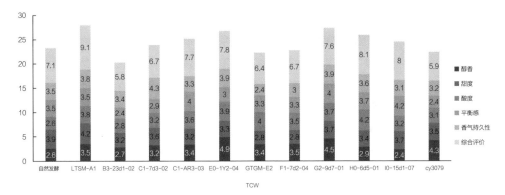

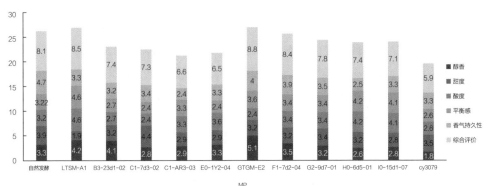

图 7-16　不同酿酒酵母在 TCW 和 MP 发酵模式下慕萨莱思的感官评价

物质。成品酒焦糖香气浓郁，其中香气物质 5-MF 含量为（1.901 ± 0.043）mg/L，DMHF 含量为（43.605 ± 3.450）mg/L，3-MTP 含量为（1667.988 ± 108.113）mg/L。对成品酒挥发性组分进行分析，检测出香气物质 48 种，其中主要包括酯类 15 种、醇类 11 种、酸类 9 种、酮类 4 种、醛类 8 种，含硫化合物 1 种。

### 2. 混菌发酵

针对传统发酵技术周期长、不易控制和产品品质不稳定等问题，采用多菌种共同发酵可提高葡萄酒的品质。比起纯种发酵菌株单一、香气成分较少，混菌发酵显示出独特优势。多菌种共生，酶系丰富，会产生多种香气成分，尤其是非酿酒酵母与酿酒酵母相互作用可赋予葡萄酒独特的浓郁香味与发酵香味，提高酒体品质。

对 175 株慕萨莱思酵母进行单株培养，初筛出具有优良香气特征的 2 株疑似酿酒酵母和 20 株非酿酒酵母；在复配试验中，获得一组复配菌酿酒酵母 N8-毕赤酵母 F10，并确定了最佳菌株复配比例为 N8∶F10=1∶0.5 的同步发酵，慕萨莱思酿造中体现出较高水平的降糖幅度（23° Bx）和 $CO_2$ 生成量（4.54g/50mL），还有优良的香气特性。同时以安琪活性干酵母为对照，对复配菌组 N8-F10［同步接入

2%N8～1%F10，（28±1）℃恒温培养〕进行微型发酵实验验证，所得慕萨莱思的酒精度、残糖量与总酸均符合慕萨莱思标准，在香气、口感及整体品质等方面均优于商用安琪酵母，由此可见，该组合为比较理想的慕萨莱思复配发酵剂。另外，采用脱脂乳粉、蛋清粉为保护剂将酵母菌进行常温干燥保藏，对改善其传统发酵周期长、成品品质不稳定、不易规模化生产等缺点有所帮助。

由于非酿酒酵母菌株并不具备启动酒精发酵的能力，即使具备产香或产酶的功能也难以单独使用，因此还需结合酿酒酵母进行复配应用。具有突出焦糖香的酿酒酵母 GFP3 作为混菌发酵的启动发酵菌，与高产焦糖香酵母菌株克鲁维毕赤酵母（*P.kluyveri*）JFB2 和高降解 5-羟甲基糠 *Z.Bailii* JCY2，采用时序接菌和不同比例同步接菌的策略将三者应用于慕萨莱思酿造中，通过比较菌数变化、发酵度、香气成分等指标发现时序混菌发酵是最佳的发酵方式，发酵液焦糖香浓郁，5-羟甲基糠醛降解浓度显著（0.68g/L，降解率 83.9%），感官评分及香气成分产生和有害物质降解程度均高于商业酿酒酵母菌株 EC1118，或与其相当，如图 7-17 所示。

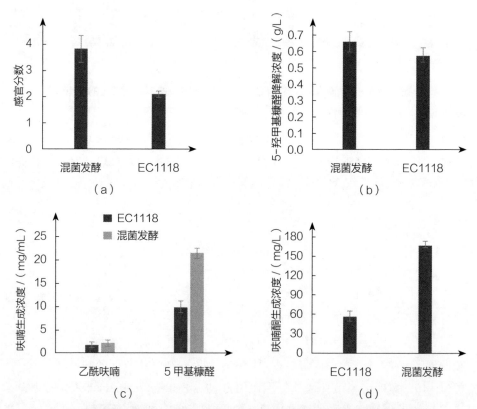

图 7-17　时序混菌与对照组 EC1118 感官分数（a）、5-羟甲基糠醛降解浓度（b）、
呋喃生成浓度（c）以及呋喃酮生成浓度（d）

## 五、总结

采用传统分离鉴定法，酿制慕萨莱思酵母菌，累计鉴定到 13 个属 22 个酵母菌种。在果皮、压榨汁及皮渣汁中共分离到 12 类非酿酒酵母，其优势菌初步鉴定为 *Hanseniaspora spp.*。酿酒酵母为慕萨莱思各作坊厂家的优势菌种，能够在冷却后的浓缩葡萄汁快速度过适应期，增殖达到起发浓度，并成为唯一优势菌群，最终完成发酵。慕萨莱思自然发酵过程中的菌群涉及假单胞菌属、乳杆菌属、芽孢杆菌属、微球菌属、醋酸杆菌及葡糖杆菌属，所有菌群维持在 300cfu/mL 以内，发酵前期几乎没有检测到细菌。乳酸菌属在发酵期、后熟期均存在，醋酸杆菌属主要集中在发酵后期及成熟前期。通过免培养分析得出子囊菌的酵母属和哈萨克斯坦酵母属是慕萨莱思发酵过程中的绝对优势菌，其中酿酒酵母和哈萨克斯坦酵母在整个发酵样品中均有检测出，且为优势种；厚壁菌门和变形菌门的乳酸杆菌属和不动杆菌属于优势菌属，且相互制约。在种水平上，谷糠迟缓乳杆菌，植物乳杆菌成为优势种。

慕萨莱思中的酿酒酵母不同菌株间存在遗传差异，不同发酵工艺酿酒酵母的基因型和数目差异明显，菌株的多样性和发酵工艺有密切关系。来自工厂的酿酒酵母的多样性远不如来自传统作坊的丰富，规模化工业生产可能对传统作坊慕萨莱思的酿酒酵母多样性具有同质作用。

慕萨莱思本土酵母菌株与商用菌相比，表现出了很好的胁迫耐受性、酶活性、应激适应、发酵活力等特性。工厂与作坊的酿酒酵母在发酵特性方面也表现出比较明显的不同，来自传统作坊的酿酒酵母对低温、酒精度具有很好的耐受性，而来自工厂的酿酒酵母对高温和高糖具有较好的耐受性。大部分慕萨莱思酿酒酵母能在 13~45℃、酒精度 8%~16%vol，45%~50% 含糖量环境中生存，生长量更大，对胁迫条件具有较好的耐受性。慕萨莱思酿酒酵母具有良好的起发特性且发酵速度快，92.43% 的菌株起发时间小于 12h；慕萨莱思酵母还具有很好的絮凝性及产酒力，普遍具有自溶性。慕萨莱思酿酒酵母产果胶酶及 $\beta$- 葡萄糖苷酶具有普遍性。慕萨莱思酿酒酵母大多数供试菌株产 $H_2S$ 能力较弱且不产生物胺。不同厂家与作坊的酿酒酵母菌菌株产香特性不同。上述发酵特性及产香特性为传统慕萨莱思品质多样性奠定了基础。

慕萨莱思酿酒酵母具有改善感官、理化特征的优势，是优良酿酒酵母，可以以单菌株发酵或混合菌发酵应用于慕萨莱思实际生产中，以提高产品品种，同时缩短自然发酵周期。值得注意的是，不同规模化生产，优良菌的应用效果有差异，传统作坊方法酿制的慕萨莱思含糖量高于工厂生产的，而酒精度则低于工厂生产，感官评价显示，工厂生产模式下的酵母慕萨莱思具有同质化现象，而传统发酵技术能够保持慕萨莱思的多样性。

## 化合物名称

| 化合物（英文名） | 中文名 |
| --- | --- |
| (E)-2-Heptenal | （E）-2- 庚醛 |
| (E)-2-Hexen-1-ol | （E）-2- 己烯 -1- 醇 |
| (Z)-2-Hexenol | 顺 -2- 己烯 -1- 醇 |
| Hexanal | 己醛 |
| $\beta$-Damascenone | $\beta$- 大马士酮 |
| (E)-2-Hexenal | （E）-2- 己烯醛 |
| (E)-2-Nonenal | （E）-2- 壬烯醛 |
| Butyrolactone | 丁内酯 |
| (E)-$\beta$-Farnesene | （E）-$\beta$- 法呢烯 |
| Isobutyric acid | 异丁酸 |
| Isovaleric acid | 戊酸 |
| Benzyl alcohol | 苯甲醇 |
| Acetictic acid | 乙酸 |
| Acetoin | 3- 羟基丁酮 |
| 5-Methyl-2-acetylfuran | 5- 甲基 -2- 乙酰基呋喃 |
| Benzoic acid | 苯甲酸 |
| $\alpha$-Guaiacol | $\alpha$- 愈创木酚 |
| (Z)-2-Hexenyl acetate | （Z）-2- 己烯基乙酸酯 |
| 2-Methyl-3-octanone | 2- 甲基 -3- 辛酮 |
| cis-3-Hexenyl acetate | 顺 -3- 己烯基乙酸酯 |
| Vinyl caproate | 正己酸乙烯酯 |
| 1H-Pyrrole-2-carboxaldehyde | 1H- 吡咯 -2- 甲醛 |
| Acetylfuran | 乙酰呋喃 |
| 2，5-Furandicarbaldehyde | 2，5- 二甲酰基呋喃 |
| 5-Hydroxymethylfurfural | 5- 羟甲基糠醛 |
| Dihydro-2-metnyl-3-furanone | 3- 氨基二氢呋喃 -2（3H）- 酮 |
| Acetol | 羟丙酮 |

续表

| 化合物（英文名） | 中文名 |
|---|---|
| 5-Methyl-2(3H)-furanone | $\alpha$- 当归内酯 |
| Furfural | 糠醛 |
| $\alpha$-Ionol | $\alpha$- 紫罗兰醇 |
| Methyl 3-furoate | 3- 呋喃甲酸甲酯 |
| Benzeneacetaldehyde | 苯乙醛 |
| 1-Hepten-3-one | 1- 庚烯 -3- 酮 |
| Sulcatone | 甲基庚烯酮 |
| 2-(E)-Octenal | 2-（E）- 辛烯醛 |
| 2，6-Dimethyl-4-heptanone | 二异丁基酮 |
| 4，6-Dimethyl-2-heptanone | 4，6- 二甲基 -2- 庚酮 |
| Butanoic acid | 丁酸 |
| Pyranone | 吡喃酮 |
| (E)-Nerolidol | （E）- 橙花叔醇 |
| Nerolidol 2 | 橙花叔醇 2 |
| Isoamyl decanoate | 癸酸异戊酯 |
| Isoamyl laurate | 月桂酸异戊酯 |
| Isoamyl octanoate | 辛酸异戊酯 |
| n-Decanoic acid | 正癸酸 |
| Isobutyl decanoate | 癸酸异丁酯 |
| Ethyl decanoate | 癸酸乙酯 |
| Ethyl Laurate | 桂酸乙酯 |
| Ethyl hexadecanoate | 棕榈酸乙酯 |
| TDN | 1，1，6 三甲基 -1，2 二氢萘 |
| 1-Decanol | 1- 癸醇 |
| 1-Dodecanol | 1- 十二烷醇 |
| Octanoic acid | 辛酸 |
| Farnesol | 金合欢醇 |
| $\beta$-Citronellol | $\beta$- 香茅醇 |

续表

| 化合物（英文名） | 中文名 |
|---|---|
| 1-Tetradecanol | 1-十四醇 |
| n-Decyl acetate | 乙酸癸酯 |
| Isoamyl alcohol | 异戊醇 |
| β-Phenylethanol | β-苯乙醇 |
| Methionol | 甲硫醇 |
| β-Phenethyl acetate | β-乙酸苯乙酯 |
| Isobutanol | 异丁醇 |
| Ethyl octanoate | 辛酸乙酯 |
| Ethyl nonanoate | 壬酸乙酯 |
| 1-Octanol | 正辛醇 |
| Isoamyl acetate | 乙酸异戊酯 |
| β-Linalool | β-里那醇 |
| Ethyl linoleate | 亚油酸乙酯 |
| Isobutyl octanoate | 辛酸异丁酯 |
| Methyl octanoate | 辛酸甲酯 |
| 2-Phenethyl hexanoate | 己酸-2-苯乙酯 |
| cis-Geranylacetone | 顺-香叶基丙酮 |
| Isohexanol | 4-甲基-1-戊醇 |
| 2-Methyl-3-thiolanone | 二氢-2-甲基-3（2H）-噻吩酮 |
| Ethyl hexanoate | 己酸乙酯 |
| Ethyl hydrocinnamate | 3-羟基苯丙酸乙酯 |
| 4-Methyl-1-pentanoylbenzene | 4-甲基苯戊酮 |
| Isodurene | 异杜烯 |
| Naphthalene | 萘 |
| Ethyl succinate | 丁二酸二乙酯 |
| Methylnaphthalene | 甲基萘 |
| 2-(1/2-Diethoxyetnyl)furan | 2-（1，2-二甲氧基乙基）呋喃 |
| Ethyl 3-furoate | 3-呋喃甲酸乙酯 |

续表

| 化合物（英文名） | 中文名 |
|---|---|
| 2-Ethoxy-2-(2-furyl)ethanol | 2- 乙氧基 -2-（2- 呋喃基）乙醇 |
| 4-( 5- Methyl-2-furyl )-2-butanone | 4-（5- 甲基呋喃 -2- 基）丁烷 -2- 酮 |
| Myrcenol | 月桂烯醇 |
| 2-Methylbenzofuran | 2- 甲基苯并呋喃 |
| Methyl salicylate | 水杨酸甲酯 |
| 5-Methylfurfural | 5- 甲基糠醛 |
| 6-Methyl-3(2H)-pyridazinone | 6- 甲基 -3（2H）- 哒嗪酮 |
| Acetaldehyde ethyl amyl acetal | 1- 乙氧基 -1- 甲氧基乙烷 |
| Vinyl caprylate | 辛酸乙烯酯 |
| Furaneol | 呋喃酮 |
| Hexanoic acid | 己酸 |
| [R-(R*/R*)]-2/3-Butanediol | [R-(R*/R*)]-2/33- 丁烯二醇 |
| Ethyl (S)-(-)-lactate | L（-）- 乳酸乙酯 |
| 4-Cyclopentene-1，3-dione | 4- 环戊烯 -1，3- 二酮 |
| Ethyl 9-hexadecenoate | 9- 十六碳烯酸乙酯 |
| 4-Ethyphenol | 对乙基苯酚 |
| Styrene | 苯乙烯 |
| Ethyl heptanoate | 庚酸乙酯 |
| Methyl caprate | 癸酸甲酯 |
| $\alpha$-Terpineol | $\alpha$- 松油醇 |
| 2，4-Di-tert-butylphenol | 2，4- 二叔丁基苯酚 |
| 2-Nonanone | 2- 壬酮 |
| Ethyl acetate | 乙酸乙酯 |
| Ethyl benzoate | 苯甲酸乙酯 |
| Ethyl phenylacetate | 苯乙酸乙酯 |
| Ethyl 3-hexenoate | 3- 己烯酸乙酯 |
| TPB | （E）-1-（2，3，6- 三甲苯基）丁 -1，3- 二烯 |

续表

| 化合物（英文名） | 中文名 |
|---|---|
| 2-Acetylpyrrole | 2- 乙酰基吡咯 |
| 2-Hydroxy-5-methylacetophenone | 2- 羟基 -5- 甲基苯乙酮 |
| 4-Acetoxy-3-methoxystyrene | 4- 乙酰氧基 -3- 甲氧基苯乙烯 |
| Coumaran | 2，3- 二氢苯并呋喃 |
| 2-Furanmethanol | 2- 呋喃基甲醇 |
| Isoamyl hexanoate | 己酸异戊酯 |
| Isoamyl lactate | 乳酸异戊酯 |
| 1，2-Dimethylnaphthalene | 1，2- 二甲基萘 |
| 2-Amylfuran | 2- 正戊基呋喃 |
| Formic acid heptyl ester | 甲酸庚酯 |
| 1-Hexanol | 己醇 |
| Z-3-Hexenol | 叶醇 |
| Hexyl acetate | 乙酸己酯 |
| 2-Ethylhexanol | 2- 乙基己醇 |
| 1-Nonanol | 1- 壬醇 |
| Benzaldehyde | 苯甲醛 |
| Decanal | 癸醛 |
| Nonanal | 壬醛 |
| Diethyl phthalate | 邻苯二甲酸二乙酯 |
| 3-methylthiopropan | 3- 甲硫基丙醇 |
| Isohexyl alcohol | 异己醇 |
| 3-Methyl-1-pentanol | 3- 甲基 -1- 戊醇 |
| 2，3-Butanediol | 2，3- 丁二醇 |
| 2，4-Di-tert-butylphenol | 2，4- 二特丁基苯酚 |
| Ethyl phenylacetate | 苯乙酸乙酯 |
| Phenylethyl alcohol | $\beta$ - 苯乙醇 |
| cis-Geranylacetone | 顺 - 香叶基丙酮 |
| Isopentyl alcohol | 异戊醇 |
| n-Decanal | 癸醛 |

续表

| 化合物（英文名） | 中文名 |
|---|---|
| $\beta$-Phenethyl acetate | $\beta$-乙酸苯乙酯 |
| Ethyl myristate | 肉豆蔻酸乙酯 |
| Octyl acetate | 乙酸辛酯 |
| Isopentyl hexanoate | 己酸异戊酯 |
| Dodecanoic acid | 十二酸 |
| Ethyl Laurate | 月桂酸乙酯 |
| 2-Nonanol | 2-壬醇 |
| Nonanoic acid | 正壬酸 |
| 2-Heptanol | 2-庚醇 |
| p-Ethylguaiacol | 对乙基愈创木酚 |
| o-Cresol | 邻甲酚 |
| $\gamma$-Butyl butyrolactone | $\gamma$-丁基丁内酯 |
| $\delta$-Octalactone | $\delta$-辛内酯 |
| (Z)-3-Hexen-l-ol | （Z）-3-己烯-1-醇 |
| 1-Hexanol | 正己醇 |
| Phenol | 苯酚 |
| 2-Furanmethanol | 2-呋喃甲醇 |
| 4-Ethylphenol | 4-乙基苯酚 |
| Ethyl 7-octenoate | 7-辛酸乙酯 |
| 9-Decenoic acid | 9-癸烯酸 |
| Citronellol acetat | 乙酸香茅酯 |
| Acetic acid | 醋酸 |
| Ethyl 9-decenoate | 乙基9-癸烯酸酯 |
| Hexyl hexanoate | 己酸己酯 |
| trans-isoeugenol | 反式异丁香酚 |
| 4-Terpineol | 4-松油醇 |
| 2，4-Di-tert-butyl | 2，4-二叔丁基苯酚 |
| 2，3-Butanediol | 2，3-丁二醇 |

# 参考文献

［1］朱丽霞，冯姝，郭东起，等. 新疆慕萨莱思酿制工艺介绍［C］//第七届葡萄与葡萄酒国际学术研讨会论文集. 西安：陕西人民出版社，2011：169-171.

［2］乔通通，朱丽霞. 古老慕萨莱思发展现状［J］. 酿酒科技，2020（11）：98-104+109.

［3］张志杨. 慕萨莱思品质分析及酿制过程中理化参数变化规律分析［D］. 塔里木大学，2016.

［4］朱丽霞，侯旭杰，许倩. 新疆慕萨莱思葡萄酒的发展对策探讨［J］. 酿酒科技，2008（07）：111-113.

［5］朱丽霞，韩苗，郭东起，等. 新疆慕萨莱思自然发酵过程中细菌初步分离、鉴定及其变化规律研究［J］. 中国酿造，2010（07）：133-136.

［6］朱丽霞，王强. 慕萨莱思熬煮液流变学特性分析［J］. 食品工业科技，2013，34（24）：101-104.

［7］乔通通. 慕萨莱思产关键香优良菌株的筛选与工艺优化［D］. 塔里木大学，2022.

［8］张佳斌，王冠群，陈彤国，等. 慕萨莱思复配发酵剂的实验室研制［J］. 中国酿造，2017，36（03）：115-120.

［9］朱丽霞，甄文，王丽玲，等. 新疆慕萨莱思感官特性定量描述分析［J］. 食品科学，2013，34（01）：38-44.

［10］Zhu L, Wang L, Yang W, et al. Physicochemical data mining of msalais, a traditional local wine in Southern Xinjiang of China［J］. International Journal of Food Properties, 2016, 19(11): 2385-2395.

［11］王丽玲，况风，朱丽霞. 慕萨莱思加工中褐变机理及褐变模型的研究［C］//第九届葡萄与葡萄酒国际学术研讨会论文集. 2015.

［12］乔通通，薛菊兰，何引，等. 和田红葡萄汁熬煮过程中游离氨基酸检测与分析［J］. 食品安全质量检测学报，2020，11（16）：5663-5667.

［13］张志杨. 慕萨莱思品质分析及酿制过程中理化参数变化规律分析［D］. 塔里木大学，2016.

［14］ZHU L X, ZHANG M M, XIANG X F, et al. Aromatic characterization of traditional Chinese wine Msalais by partial least-square regression analysis based on sensory quantitative descriptive and odor active values, aroma extract dilution analysis, and aroma recombination and omission tests［J］. Food Chemistry, 2021, 361: 129781.

［15］朱丽霞，李红梅，郭东起，等. 新疆慕萨莱思自然发酵过程中酵母菌表型多样性及优势菌分析［J］. 食品科学，2012，33（07）：142-147.

［16］LIXIA Z, MINGFU G, DONGQI G, et al. Preliminary analysis of yeast communities associated with the spontaneous fermentation of musalais, a traditional alcoholic beverage of Southern